生物学の基礎はことわざにあり

——カエルの子はカエル？ トンビがタカを生む？

杉本正信

岩波ジュニア新書　869

はじめに

この地球上は人類をはじめとして、多種多様な生物であふれています。昔から多くの人々がこうした生命に接することで、さまざまな興味と疑問を抱《いだ》いてきました。このことを反映して、今日まで言い伝えられていることわざにも生物に関するものが意外に多いのです。たとえば、「蛙《かえる》の子は蛙」は遺伝の本質を突《つ》いたことわざですし、「弱肉強食《じゃくにくきょうしょく》」は進化のひとつのありようを示しているものとも言えるでしょう。また「十人十色《じゅうにんといろ》」は生物多様性をうたっていると見ることもできます。これらのことわざのなかには、それが作られた当時は生物学が未発達であったにもかかわらず、生物学の本質を突いたものがあるのです。

一方、科学技術の発展により、不思議な生命現象の秘密がだんだん解き明かされてくるようになりました。そのなかには、分子生物学のように、文系の人ばかりでなく理系の人にも理解が難しい分野もあります。

しかし、現代の生物学は、私たちの健康を支える医学とは切っても切れない関係にあります。事実、新聞やテレビで取り上げられるニュースには、医薬・生物学に関する難しい言葉がたくさん使われています。これらのニュースを理解して現代を生きていくために、生物学について最低限のことは知っておいていただきたいと思います。

そこで、本書では、何百年前、場合によると何千年も前から人類が受け継《う　つ》いできたことわざのなかで、生物学の本質を突いたものを取り上げながら、楽しく生物学の基礎《き　そ》を学んでいただけたらと思います。

本書ではまず、生物の生きざまである生態《せいたい》に関する親しみあることわざ・成句《せいく》を紹介します。続いて、健康と医療《いりょう》、体を守るしくみである免疫《めんえき》、そして老化とがんといった、健康に関する話題を中心に取り上げます。あらゆる病原体への対応を準備している免疫は、「備《そな》えあれば憂《うれ》いなし」を見事に実現しています。

最後には、生物多様性、遺伝と環境《かんきょう》、地球大変動と生物の興亡、生命の誕生と進化、といった、より基本的な生物科学的な話題を取り上げます。三八億年以上の歴史を持つ生命は、幾度《いくど》かの地球大変動を経験し、そのために恐竜《きょうりゅう》のように絶滅《ぜつめつ》した生物もありました。哺乳《ほにゅう》動物はこれらの惨禍《さんか》をのりこえて、最後には人類にまでたどり着きましたが、たとえば恐竜の絶滅がなかったら今日の人類はなかったのではないかと言われています。生命の歴史は人間にとっては「塞翁《さいおう》が馬《うま》」だったのです。

ことわざと生物学との関連では、「蛙の子は蛙」のように生物現象に直接言及しているものから、「塞翁が馬」のように本来は関係がないのですが、ことわざに述べられている内容が生命現象の本質に通じるものまでいろいろです。また、ことわざばかりでなく、成句、故事、あるいは名言なども広く取り上げました。

本書を執筆しながら、ことわざが生物学の基礎から応用まで、広い分野に広がっていることに改めて驚《おどろ》かされました。読者諸氏にも、より親しみのある形で生物学に接してもらえれば著者の喜びとするところです。

目次

第1章　犬は人につき、猫《ねこ》は家につく
——動物の生態《せいたい》

「生態」とは、生物の生活のありさまを言います。古来より人々はいろいろな生物に接し、観察してきたので、その生態に関することわざが多く見られます。

本章ではそうしたことわざを通して、人が生物にどのような思いを持ったのか、またその生物学的な背景は何か、といったことを考えてみましょう。

では、最も身近な生物のひとつ、イヌの生態とそれにまつわることわざから始めましょう。

犬《いぬ》は人《ひと》につき、猫《ねこ》は家《いえ》につく——動物の生態

このことわざは、引《ひ》っ越《こ》しのときの、イヌとネコの行動の違《ちが》いに起源があるようです。す

なわち、イヌは引っ越し先の飼い主についてくるが、ネコは飼い主についてゆかずにもとの家にとどまるということです。

イヌはリーダーのもとに群れて生活していたオオカミと祖先が共通で、飼い主をリーダーとして、人になつきます。イヌとオオカミはお互《たが》いに交配可能であり、またその子どもも生《せい》殖《しょく》可能であることからわかるように、両者には生物学的に見て非常に近い関係があります。

イヌとならんでペットの双璧《そうへき》であるネコは、イヌと比較《ひかく》することで、その生態《せいたい》の特徴《とくちょう》が際《きわ》立《だ》ちます。そのために、人も、イヌ派とネコ派に二分されるくらいです。

イヌはオオカミのように群れて生活する性質を持ちますが、ネコは単独で行動します。飼い主をリーダーと考えるイヌに対して、ネコは飼い主を単なる同居人と考えているらしいのです。ですから、ネコと飼い主との関係はさっぱりとしたものとなりますが、かえってイヌと違いべたべたしないところを好む人もいるわけです。

日本でのペットとしてのイヌとネコの数がほぼ同数ということは、イヌ派とネコ派もほぼ同数ということでしょうか。

犬《いぬ》は三日《みっか》飼《か》えば三年恩《さんねんおん》を忘《わす》れぬ――忠実なイヌの性質

文字通りの意味ですが、「イヌでさえこうなのだから、人も恩を忘れてはいけない」という教訓が言外に含まれているようです。

渋谷《しぶや》の駅前で帰らない主人を待ち続けた忠犬ハチ公は象徴《しょうちょう》的な逸話《いつわ》ですが、反対にネコでは、「猫は三年飼っても三日で恩を忘れる」と対照的なことわざがあります。

犬《いぬ》も歩《ある》けば棒《ぼう》に当《あ》たる――イヌの五感

なにか行動すると意外な幸運にめぐり合うことのたとえですが、災難に出会うことがある、といった反対のたとえにも用いられました。

最近はペットブームで、日本で飼われているイヌの数は一〇〇〇万匹に近づいているそうで、ペットは若い人たちばかりでなく、高齢者にとっても大きないやしとなっています。

江戸《えど》時代には、五代将軍徳川綱吉《とくがわつなよし》の「生類憐《しょうるいあわれ》みの令《れい》」でイヌをつなぐことが禁止された影響もあり、大部分のイヌは放し飼いだったでしょう。あっちこっち歩き回っては、思わぬエサにありついたり、あるいは悪さをして人に棒で追われたりした当時のイヌの生きざまが、このことわざからうかがえます。

イヌは、感覚のなかでも嗅覚《きゅうかく》が飛びぬけてするどく、においを感じる細胞《さいぼう》の数がヒトの五〇〇万個に対し、二億五〇〇〇万から三〇億個もあると推定されています。聴覚《ちょうかく》も比較的《ひかくてき》するどいのですが、では、視覚についてはどうでしょうか。

物の動きを認識する動体視力はすぐれていますが、色の識別能は悪く、色を見分けることはほとんどできないとされています。

野生で暮らしていたイヌの先祖が獲物《えもの》を追う場合、動体視力がしっかりしていれば、色を見分ける必要はあまりなかったのでしょう。視覚の点から考えると、イヌは「歩くと棒に当たる」危険性は高いのです。

このことは特に老犬に当てはまるようで、筆者の飼っていた柴犬《しばいぬ》(一四歳を過ぎて死去)は、一三歳(ヒトの七〇歳ほどに相当)の老境に達した頃には、ガードレールなどによくぶつかることがありました。

◯前門《ぜんもん》の虎《とら》、後門《こうもん》の狼《おおかみ》——オオカミは本当に害獣《がいじゅう》か？

トラもオオカミも、いずれも「恐《おそ》ろしい獣」と考えられていました。これは、ひとつの災難を逃《のが》れても、すぐまた別の災難に遭遇《そうぐう》してしまうたとえです。

洋の東西を問わず、オオカミは悪の象徴《しょうちょう》のようにとらえられることが少なくありません。オオカミに由来する「狼藉《ろうぜき》」の意味としては、『岩波国語辞典』によれば、物が乱雑に散らかされた様子を意味しますが、これは、狼が草を藉《し》いて寝たあとが乱れていることに由来しています。また、乱暴なふるまいを意味することもあります。

「狼藉」は一般には、「狼藉を働く」というように、後者の意味で使われることが多いようです。ペローの童話の「赤ずきんちゃん」でも、悪者はオオカミです。事実、オオカミは家《か》畜《ちく》をおそい、ときには人にさえ危害を加えることがあります。

しかし、生物の生態《せいたい》を研究する生態学の観点から見ると、次に紹介するように、オオカミは自然界では役に立っている面があり、かならずしも悪者ではありません。

アメリカのイエローストーン国立公園では、家畜の被害《ひがい》などを防ぐ目的でオオカミを駆除《くじょ》したところ、ヘラジカなどの草食動物が天敵のオオカミがいなくなったことで多く繁殖《はんしょく》しま

図 1-1　イエローストーン国立公園のヘラジカ

した(図1-1)。その結果、草食動物によって植物が食《く》い荒《あ》らされ、自然環境《かんきょう》に深刻な影響《えいきょう》がでてしまったのです。

そこで、オオカミを再導入したところ、草食動物の増殖《ぞうしょく》が抑《おさ》えられ、食害は食い止められ、元の自然が戻《もど》ったとのことです。似たようなオオカミの再導入の動きは、メキシコやヨーロッパ各国でも見られています。

日本では、エゾオオカミやニホンオオカミは、江戸《えど》末期から明治期にかけて絶滅《ぜつめつ》しました。その結果、地球温暖化など他の要因とも相《あい》まって、現在ではシカやイノシシによる農作物の食害が顕著《けんちょ》になっているのはご承知の通りです。

オオカミは、生態系のバランスを保つうえで大切な存在だったのです。日本でもオオカミの再導入は議論されていますが、答えはでていないようです。

猫《ねこ》に鰹節《かつおぶし》――好物《こうぶつ》

このことわざは、鰹節をネコのそばに置けば食べられてしまう危険性が高いことから、あやまちが起きやすくて油断ができない、危険な状況《じょうきょう》のたとえです。

ネコはイヌとならんでペットの双璧《そうへき》であり、一万二〇〇〇年前頃から家畜化《かちくか》されたイヌに次いで、古い家畜化の歴史を持っています。

図 1-2　ヨーロッパヤマネコ

このようにして家畜化されたネコ(イエネコ)の祖先はヨーロッパヤマネコ(図1-2)の亜種《あしゅ》とされるリビアネコといわれており、このことは形態学的にも、また遺伝子解析《かいせき》でも裏付けられているようです。ネコの聴覚《ちょうかく》は特に優れており、嗅覚《きゅうかく》もイヌほどではありませんが、ヒトよりははるかに優れています。

このことわざにもあるように、ネコは魚が大好物ですが肉も好きで、典型的な肉食動物です。焼き魚や釣《つ》りの獲物《えもの》をネコにとられた、といったことは古くより庶民《しょみん》が経験しました。

そのかわり、イエネコはネズミをとってくれるので重宝《ちょうほう》がられもしました。「鼠捕《ねずみと》る猫《ねこ》は爪隠《つめかく》す」ということわざもあり、これは次項の「攻撃擬態《こうげきぎたい》」のところでも述べるように、優れた能力や力を持ったものは、それをひけらかすことはしないというたとえです(これと似たようなことわざに、「能《のう》ある鷹《たか》は爪隠《つめかく》す」があります)。

なお、ネコについては他にも、「猫《ねこ》に小判《こばん》」、「猫《ねこ》の手《て》も借《か》りたい」、「猫《ねこ》も杓子《しゃくし》も」、「猫《ねこ》なで声《ごえ》」といったことわざ・成句《せいく》があります。

虎《とら》の威《い》を借《か》る狐《きつね》―― 擬態《ぎたい》

弱者が強いものの権威《けんい》を利用して、いばることのたとえです。中国・漢《かん》代の『戦国策《せんごくさく》』(楚《そ》策《さく》)にある寓話《ぐうわ》に基《もと》づいています。

その寓話とは、キツネがトラに食われそうになったとき、キツネが「自分は天の神に百《ひゃく》獣《じゅう》の長になるように命ぜられています。自分の後について来れば、それがわかるはずです」

とトラに言ったそうです。トラがキツネについて行くと、他の動物はトラを見て逃《に》げ出《だ》しました。それを見たトラは、恐れられているのは自分だとは気づかずに、「なるほどキツネの言うとおりだ」と納得したというものです。

このことわざでキツネのとった戦略は、トラをまねたわけではないので、正確に言うと「擬態」ではありませんが、擬態という生物現象にも一脈通じるところがあります。擬態とは、動物が体やその一部の色彩《しきさい》・形などを他のものに似せることです。擬態には何らかの生物学的な理由があり、その目的によって分類されていますす。その例をいくつか紹介しましょう。

図1-3　かれ葉に擬態するバッタ。矢印がバッタの顔

隠蔽《いんぺい》的擬態(模倣《もほう》)とは、たとえばシャクトリムシが小枝に似るように目立たなくなる場合で、自分の身を守るための擬態です(図1-3)。それに対して、攻撃《こうげき》擬態は、周囲の植物や地面の模様にそっくりな姿をすることで、獲物《えもの》に気づかれないようにして獲物を襲《おそ》う捕食者《ほしょくしゃ》の擬態です。その典型はカメレオンで、体色を周りにあわせて変化させ、長い舌を素早く伸《の》ばして昆虫《こんちゅう》などを捕食しま

図1-4　舌をのばして虫をとらえるカメレオン

す(図1-4)。

「ベイツ型擬態」とよばれる擬態もあります。毒などをもっている危険種は、そのことがわかるように周囲に警告して身を守りますが、このような危険種にみせかけて身を守るのがベイツ型擬態です。たとえば、ハチにそっくりな色や形をしたシロスジナガハナアブはその典型です。

また「ミューラー型擬態」は、たとえばスズメバチの仲間やアシナガバチの仲間のように、毒を持った生物がお互《たが》いに似通った体色を持つことをいいます。危険種であることを、より一般化させて強調することで身を守るわけです。

このように擬態は生物界に広く見られる現象で、そのことで身を守ったり捕食を容易にしたりしているわけですが、人間社会でもその知恵《ちえ》を借用する人がでてくるわけです。

トラがでてきたついでに、トラにまつわるいくつかの成句《せいく》、ことわざを紹介しましょう。

トラにまつわるものは意外と多く、「虎《とら》の子《こ》」、「虎視眈々《こしたんたん》」といったトラに関する熟語・成句も多数あります。さらに、トラは、阪神《はんしん》タイガースといった球団名にも使われていて、庶《しょ》民《みん》にも親しまれている動物です。日本にはトラは棲息《せいそく》していませんので、不思議と言えば不思議です。

トラはライオンとならぶネコ科の最大の猛獣《もうじゅう》で、インド、中国、シベリア、東南アジアなどに広く棲息します。以前は朝鮮《ちょうせん》半島にも棲《す》んでいて、豊臣秀吉《とよとみひでよし》の朝鮮出兵における「加藤《かとう》清正《きよまさ》のトラ退治《たいじ》」の伝説は有名です。現在は乱獲《らんかく》などにより数が減り、絶滅《ぜつめつ》が危惧《きぐ》されています。

虎穴《こけつ》に入《い》らずんば虎児《こじ》をえず——ハチクマの戦略

はなばなしい戦果をえるためには、危険をおかす必要があるということのたとえです。トラは神経質な動物で子どもができにくく、子どもは生まれてもなかなか無事には育たないので、たいへん貴重なものの象徴《しょうちょう》と考えられていたのです。

このことわざの実践者《じっせんしゃ》の典型は、ハチクマ(図1-5)というタカ科の鳥です。多くの動物は刺《さ》されないように、ハチをさけます。

図 1-5　ハチクマ

ところがハチクマはスズメバチの大きな巣を突《つ》っついて、幼虫やさなぎ、はては成虫まで食べるのです。当然、ハチはハチクマに群がって襲《おそ》ってきますが、それをものともしません。筆者が見たテレビの映像では、ハチクマはハチの巣をパリパリという小気味よい音を立てて食いやぶっていました。

ハチクマの体はかたい羽毛《うもう》が密生し、ハチの毒針がささりにくくなっているようですが、それでも襲いかかってくるスズメバチの群れのなかで幼虫などをむさぼる姿は、まさに「虎穴に入らずんば虎児をえず」と言えましょう。

鵜《う》の目《め》鷹《たか》の目《め》――イヌワシの視力

鳥は視力が優れています。そして、エサをさがすさまは、熱心そのものです。このことわざは、タカやウの熱心にエサを探し出そうとするときのするどい目つきを言ったものです。

図 1-6　鵜飼

さらにこの意味から、他人の欠点や物事の欠陥《けっかん》を探し出す様子を言う場合に用いることが多くなりました。

たとえばイヌワシの目の良さは、その解剖《かいぼう》学的な解析《かいせき》によって明らかにされています。網《もう》膜《まく》には、視力に直接かかわる中心窩《ちゅうしんか》という組織があります。ヒトは、中心窩に一平方ミリメートルあたり約二〇万個の視《し》細胞《さいぼう》を持っているのですが、イヌワシはおおよそ七・五倍の約一五〇万個の視細胞を持つということで、三キロメートル先にいる獲物《えもの》までみつけることができるそうです。

昔の人々は、タカの仲間の鳥の目の良さに気づいていたので、そのような目であらさがしでもされたらたまらないと思って、このようなことわざが生まれたのでしょうか。

ウはいわゆる鵜飼《うかい》(図1-6)とよばれる漁業に古くから使われてきたので、人にとってはなじみの深い鳥です。ウは水にもぐって魚をとりますが、かまずに丸呑《まるの》みにするので、人の言葉をやみくもに信じてしまうことを揶揄《やゆ》する「鵜呑《うの》みにする」という言葉の語源にもなっています。

ところでウは水中でよく目がみえるのでしょうか？　ヒトの場合には水中では遠視状態になってあまりよく見えませんが、ウは水中で素早く眼の水晶体《すいしょうたい》をふくらませて調整することで、水中でも魚をよく見ることができるそうです。

鶴《つる》の一声《ひとこえ》――ツルの発音器官

村の集会などで、いろいろな議論がでるなか、権威《けんい》のある実力者がみなを制するために発する短い言葉のたとえです。対になることばとしては、「雀《すずめ》の千声《せんこえ》」があります。

恩返しの童話にもでてくるように、ツルは人にもなじみの深い鳥で、日本にはシベリアなどから寒さをしのぐために冬に季節風に乗って飛来します。日本ではナベヅル、マナヅル、タンチョウなどの七種類ほどが見られます。

鳥類の発音器官は鳴管《めいかん》とよばれますが、鳴管は気管が二つに分かれる分岐点《ぶんきてん》にあります。じつは、ツルは鳴管を動かす筋肉が他の鳥よりも発達しています。しかも、首が長いぶん気管も長く、長い気管で増幅された鳴き声が辺り一帯に響《ひび》き渡《わた》るのです。いわば大きな管楽器のようなものです。

ツルが住んでいるような農村地帯は、昔はいまよりさらに静かだったはずで、「鶴の一声」には驚《おどろ》くほどの威力《いりょく》があったものと思われます。数百メートル先に響き渡るといわれていますが、夜間などには何キロメートルにもおよぶことがあったかもしれません。

鶯《うぐいす》の卵《かいご》の中《なか》のほととぎす——托卵《たくらん》

実際は自分の子であっても、わが子ではないと認めないことのたとえです。ホトトギスは自分では巣を作らずに、ウグイスの巣に卵を産んで、ウグイスの親鳥に自分の子を育てさせてしまうことに由来しています。

これらのことわざの対象となっている生物現象は「托卵」です。托卵とは、自分では一切子育てをしないで、ほかの鳥の巣に産卵し、抱卵《ほうらん》から子育てまですべてを任せてしまうことです。「ずうずうしいにもほどがある」と言いたくなります。

托卵されてかえったホトトギスのひなは、自分の親ではないウグイスからエサをもらうばかりでなく、ウグイスの卵やヒナを巣の外に落としてしまいます。日本で托卵の習性を持つ鳥は、カッコウ(図1-7)、ホトトギス、ツツドリ、ジュウイチの四種類で、いずれもよく似た姿をしています。

ところで冒頭《ぼうとう》のことわざのルーツは、日本に現存する最古の和歌集である『万葉集《まんようしゅう》』が編さんされた時代(七~八世紀)の歌に由来し、この時代の人たちがすでに托卵という生物現象に気づいていたのは驚《おどろ》きです。この歌を詠《よ》んだ人は、時間にもゆとりがあり、ウグイスの巣にある卵のふ化や、その後のヒナの様子をしんぼう強く観察していたのでしょう。

なお、托卵の語源はもともと鳥類に起源を発しますが、意外と生物界に広く見られる現象で、爬虫類《はちゅうるい》、魚類、昆虫《こんちゅう》などでも知られています。

図1-7　カッコウ

たとえば、アメリカのフロリダ半島などに棲息《せいそく》するフロリダアカハラガメはアメリカアリゲーターの巣に托卵することが知られています。巣を守るアリゲーターの親を卵の護衛役にちゃっかり利用しているわけです。

ゴキブリ亭主《ていしゅ》——ゴキブリと亭主の生態《せいたい》

これはことわざではありませんが、このいささかユーモラスな成句《せいく》は、夜中に台所でこっそり食べ物をさがしたりする夫をからかっています。

ゴキブリはゴキブリ目《もく》に属する昆虫《こんちゅう》の総称《そうしょう》で、三億年前の化石もでており、全部でおよそ三五〇〇種もある、古来より繁栄《はんえい》を極めている生き物です。

夜行性であることがひとつの特徴《とくちょう》で、家にすみつくゴキブリは食品や汚物《おぶつ》を食べるので、体内には各種のウイルス、細菌《さいきん》、カビ、寄生虫などが存在することが報告されています。そのなかには、小児まひの原因となるポリオウイルス、赤痢《せきり》菌《きん》など各種の病原体の存在も確認されています。ですからゴキブリは非常に嫌《きら》われた存在で、それにたとえられる世の夫は気の毒な存在でしょう。

ただし、ゴキブリのなかには不衛生とはいえないものもおり、漢方薬の材料になるようなゴキブリも存在するとのことですので、この事実は世のゴキブリ亭主にとっては救いかもしれません。

猿《さる》も木《き》から落《お》ちる——ヒトとサルの分岐《ぶんき》

その道の名人や達人でも失敗することがあるということで、「釈迦《しゃか》にも経《きょう》の読み違い」「弘《こう》法《ぼう》も筆《ふで》の誤《あやま》り」「河童《かっぱ》の川流《かわなが》れ」「上手《じょうず》の手《て》から水《みず》が漏《も》れる」など類似《るいじ》のことわざも多く、このことわざは普遍性《ふへんせい》を持っているようです。

ところで、もともとサルと祖先を共有するヒトは、元来は木登りが上手だったと思われますが、このことわざの言外にはヒトはサルよりも木から落ちやすい、という意味が読み取れます。

ヒトは二足歩行することで手の自由を獲得《かくとく》し、結果として器用な手や頭脳を獲得して、今日の文明を築きました。その代償《だいしょう》として木登りの能力がおとろえ、森での生活を放棄《ほうき》することになりましたが、代わりに非常に大きなものを手にしたことになります。

水清《みずきよ》ければ魚《うお》棲《す》まず——魚の生態《せいたい》

次に述べるように、魚にとって水は適度に汚《よご》れていた方がよいのですが、人についても、あまり潔癖《けっぺき》すぎるとかえって敬遠されるたとえになっています。

実際に、水が清すぎると「貧栄養《ひんえいよう》」という状態になり、栄養塩《えいようえん》とよばれる、窒素《ちっそ》、リン、ケイ素などがとぼしくなります。栄養塩のとぼしい、貧栄養化の状態では水は清くなりますが、魚のエサとなる植物プランクトン、動物プランクトンが増えません。海であれば、海藻《かいそう》も育たず、漁獲量《ぎょかくりょう》も減り、養殖《ようしょく》ノリの色が落ちるなど、困った状態になります。

以前は、生活排水《はいすい》が流れ込むことなどで、窒素やリンが増えすぎる「富栄養化《ふえいようか》」によって、東京湾《とうきょうわん》の水質は悪化しました。しかし近年は東京湾の環境浄化《かんきょうじょうか》により水質がいちじるしく改善され、逆に貧栄養化による漁獲量の低下や養殖ノリの枯死《こし》が心配される地域もでてきたようです。

江戸《えど》時代には今のような水質浄化技術は未発達で、そのまま海に注ぐ汚物《おぶつ》も少なくありませんでした。このことわざは、当時の人がこのような魚の生態を理解していた証《あかし》かもしれませんね。

図1-8　イカ釣り船に取り付けられた灯火

飛《と》んで火《ひ》に入《い》る夏《なつ》の虫《むし》——走光性《そうこうせい》

自分からわざわざ危険な目にあうことのたとえで、夏の夜、虫が灯火《とうか》にどんどん集まってくることに由来します。

虫が灯火に集まるのは、走光性のためです。みなさんも、夜に虫が街灯や自動販売機《はんばいき》の光に集まるところを見たことがあるでしょう。『岩波生物学辞典』によれば、自由運動能力を持つ生物が外からの刺《し》激《げき》に反応して起こす運動のうち、方向性が認められる運動を「走性《そうせい》」といいます。特に、その刺激が光であるときには「走光性」といいます。

走光性はミドリムシやカタツムリにも見られ、また、このことわざにあるように、羽《は》アリ、ガ、ウンカ、セミなどの昆虫《こんちゅう》に典型的に見られます、また、この走光性は、光でイカをおびき寄せるイカ釣《つ》り船《ぶね》に応用されています(図1-8)。

昔は虫の駆除《くじょ》に誘蛾灯《ゆうがとう》を用いていたことは、年配のかたであればご存知でしょう。誘蛾灯とは、虫を灯火でおびき寄せて殺す装置です。「飛んで火に入る夏の虫」は、ヤクザ映画のけんかの場面でよく耳にしそうなセリフで、昆虫の走光性はヤクザにも身近な生態《せいたい》現象、ということでしょうか。

藪蛇《やぶへび》——ヘビの生態《せいたい》

やらなくてもよいのに余計なことをして、かえって災いを受けることのたとえです。わざわざやぶをつつきまわして、ひそんでいたヘビに襲撃《しゅうげき》される、ということに由来します。

ヘビは有鱗目《ゆうりんもく》ヘビ亜目《あもく》に含まれる、四肢《しし》の退化した爬虫類《はちゅうるい》の総称《そうしょう》です。ヘビ類とトカゲ類は互《たが》いに類縁《るいえん》関係にあって、有鱗目を構成します。動きは、体を左右に波動させるヘビ特有の蛇行《だこう》運動によりますが、また、肋骨《ろっこつ》を地面などにおしつけながら起伏《きふく》させることでもおこなわれます。腹板《ふくばん》はキャタピラのような役割を果たしています。ヘビの視覚は劣《おと》り、聴覚《ちょうかく》もほとんどないのですが、嗅覚《きゅうかく》は鋭敏《えいびん》です。

モグラやネズミを食べるために土のなかにひそむ必要があるので、「無用《むよう》の長物《ちょうぶつ》」と化した四肢が退化したようです。いずれにしてもヘビはじっとひそんで獲物《えもの》をとるので、やぶをつつきまわしたりしなければ、人を襲《おそ》うことはないはずで、このことわざはヘビのこのような生態を反映しているわけです。

なお、日本に棲息《せいそく》するヘビは三六種ありますが、そのうちで、北海道、本州、四国、九州に棲息するのは、アオダイショウ・シマヘビ・ジムグリ・ヤマカガシ・ヒバカリ・シロマダラ・ニホンマムシ・タカチホヘビの八種類のみです。このうち毒を持つのはニホンマムシとヤマカガシです。その他のヘビは奄美《あまみ》や沖縄《おきなわ》などの島にすんでいます。

いささか蛇足《だそく》ながら、不要なものを付け加える意味の、「蛇足」の語源についてもふれておきます。

これは中国の故事に由来しています。ある祭の席で、最初にヘビを描《えが》いたものが酒を飲めることになっていたのですが、早々と描きあげた男がつい余裕《よゆう》を見せて足を描きたしてしまったのです。ヘビには足がないので、この男は酒を飲めなかったということです。

第2章　腹八分《はらはちぶ》に医者いらず

――健康と医療《いりょう》

医療や健康に関することは、昔から人々の関心事でした。それだけに、この分野に関することわざは少なからず見られます。本章では、こうしたことわざを、現代の医療の観点から読み解いてみましょう。

腹八分《はらはちぶ》に医者《いしゃ》いらず――健康と医療

これは、食べすぎないように腹八分目の食物をとっていれば、健康でいられるということです。

江戸《えど》時代の本草《ほんぞう》学者(薬用に重点を置いた植物などの自然物の学者)で儒学者《じゅがくしゃ》でもあった貝《かい》

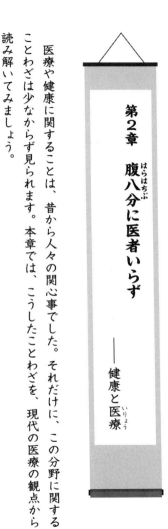

原益軒《ばらえきけん》(一六三〇~一七一四年)が八三歳で著《あらわ》した『養生訓《ようじょうくん》』(全現代語訳、伊藤友信訳、講談社学術文庫、一九八二年)には、次のような「満腹をさける」という項目があります。「珍美《ちんび》な食べ物にむかってもほどほどでやめるのがよい。(中略)とくに飲食は満腹することをさけなければならない。また最初から慎《つつ》しめば、あとの禍《わざわい》はないのである」

さらに、同じ『養生訓』の「腹七、八分の飲食」という項目では、「食べているときに十分だと思うほど食べると、食後はかならず腹がふくれすぎて病気になるであろう」とのべています。

「腹八分に医者いらず」のことわざは、それほど古いものではなく幕末頃のことわざ集に見られるとのことですので、そのルーツは『養生訓』にある可能性があります。

昔は感染症《かんせんしょう》がおもな病気であり、昭和二〇年代初期までは感染症である結核《けっかく》が死亡原因のトップを占めていました。しかし、ワクチンや抗生《こうせい》物質のおかげで感染症が減少し、平均寿命《じゅみょう》が長くなるとともに、いわゆる生活習慣病といわれる疾患《しっかん》による死亡が上位を占めるようになりました。現在の死亡原因の一位は悪性新生物(がん)、二位は心疾患、三位は肺炎《はいえん》、四位は脳血管疾患です。二位と四位は血管の老化に関連した疾患です。

生活習慣病にとっては、太りすぎであるメタボリックシンドロームは最大の敵です。しかし、食料《しょくりょう》事情も悪く、生活習慣病がほとんど問題にならなかった江戸時代から、『養生訓』にあるように食べすぎが健康にとって良くないことが認識されていたのは注目にあたいします。

アメリカのウィスコンシン大学教授のリチャード・ヴァインドルッヒのグループは、カロリーを制限することで、老化を遅らせ、寿命をのばすことができることを動物実験で示しました。実験動物には、原生《げんせい》動物、ミジンコ、サラグモ、グッピー、ネズミ、さらにはサルが用いられました。これらの結果は、「腹八分」の科学実験による証明になります。当然ヒトにも当てはまりそうですが、じつは次のような理由で、その実証はそれほど簡単ではありません。

寿命の長いヒトでは、実証するのが難しいのです。まず、実験する科学者も並行して歳をとってしまうので、完全なデータをえにくいということがあります。さらに、人道上、赤《あか》ん坊《ぼう》のときからヒトを、食事を制限したグループとそうでないグループに分けて、長期の実験を実施するわけにもいきません。

そこで、成人について太り具合と寿命の関係を調べて間接的に推測する方法がとられていますが、その結果は、意外にも、やや太り気味の人が一番長生きであるというものでした。

カロリー制限をすると免疫力《めんえきりょく》が低下して、感染症に弱くなることが知られています。上述した動物でのカロリー制限の実験は、マウスをはじめとする実験動物を病原体の存在しない清潔な環境下《かんきょうか》において実施されましたが、ヒトは多くの病原体にかこまれた環境で生活しています。高齢者になると、とくに感染症に弱くなり、事実、現在死因の三番目を占めるのは肺炎です。

したがって、カロリー制限がヒトの寿命を本当にのばすのかどうかという点には、疑問符《ぎもんふ》がついています。若いときから中年あたりまでは、肥満にならないように気を付けなければならないということは正しいでしょう。しかし、高齢者はタンパク質など十分な栄養をとることで感染に対する抵抗力《ていこうりょく》をつける方が、むしろ好ましいのではないかと考えられています。

◐病《やまい》は口《くち》から入《はい》り、禍《わざわい》は口《くち》から出《で》る——全身への影響《えいきょう》

このことわざの意は、病気は食べ物を通してかかり、災難は自分の話す言葉によって起こるものだということです。失言が命取りになることがある政治家にとっては、とくに心にとどめなければならないでしょう。中国・晋《しん》王朝時代(二六五~四二〇年)の『傅子《ふし》』(付録)に

出典が求められ、日本にも古くからあった、最も長く生き続けたことわざのひとつです。

口を経由した感染症《かんせんしょう》は多岐《たき》におよび、ノロウイルス、病原性大腸菌O157《だいちょうきんオーいちごーなな》、ボツリヌス菌やサルモネラ菌などの食中毒に関連するものをはじめとし、腸チフス、赤痢《せきり》、コレラ、アメーバ赤痢、ポリオ、A型肝炎《かんえん》などもあります。インフルエンザウイルスも、口からも入ります。

最近問題になっている歯周病《ししゅうびょう》は、口のなかだけにとどまらず、全身へ影響をおよぼすことがわかってきました。文字通り、病は口から入り、禍は口から出るのです。

歯周病とは、歯にプラーク(歯垢《しこう》)とよばれる歯周病菌のかたまりができて、歯肉《しにく》に炎症《えんしょう》を起こす感染症です。歯周病が恐《おそ》ろしいのは、やがて歯を支えている骨を溶《と》かして歯を失う原因になるばかりでなく、全身的な疾患《しっかん》をも引き起こす可能性があることです。そのなかには、糖尿病《とうにょうびょう》、心臓病、脳卒中、気管支炎・肺炎、低体重児出産・早産なども含まれます。

とくに糖尿病との関連が注目されています。歯周病の炎症部位で作られる炎症物質が、血糖値を下げる働きをするホルモンであるインスリンの作用を妨《さまた》げるのです。その結果、血糖値を上げて、糖尿病を引き起こしたり悪化させたりします。

また、すでに糖尿病をわずらっている人は、免疫力《めんえきりょく》の低下などで歯周病になりやすいのです。糖尿病と歯周病の間には、このような悪循環《あくじゅんかん》があるのです。

後半部分の「禍は口から出る」には、「口《くち》は禍《わざわい》の門《もん》」ということわざもあります。

病《やまい》は気《き》から――プラシーボ効果

このことわざの意は、病気は気持ちしだいで、重くも軽くもなるということです。もちろん、がんや脳こうそくなど、気の持ちようだけではどうにもならない病気も多くあります。

しかし、心因性の病気や精神的なストレスなどから生じる病気も少なからずあり、このことわざにも一面の真理があります。ここでは、ストレスと薬のプラシーボ(プラセボ)効果についてご紹介しましょう。

オーストリア・ハンガリー帝国のウィーンに生まれたハンス・セリエ(一九〇七～八二年)のストレス説(一九三六年)では「疾病《しっぺい》の際に起こるいろいろな病変は、多くはストレスにより引き起こされたものである」とし、この現象の中心に副腎皮質《ふくじんひしつ》ホルモンが関与していると結論しました。

ストレスとは、物理的な刺激《しげき》である寒冷、肉体的な痛み、あるいは心労などの心理的負担のような因子によって引き起こされる、緊張状態《きんちょうじょうたい》を意味します。副腎《じん》皮質ホルモンとは、腎臓《ぞう》に付随《ふずい》している副腎という臓器の外層にある皮質に位置する部分から分泌《ぶんぴつ》されるステロイドホルモンの総称《そうしょう》で、そのうちストレスに関係するのは糖質コルチコイドです。

ストレスに対する反応は、広い意味での体を守るはたらきのひとつですが、ストレスが長く続くと、これらホルモンの過剰《かじょう》分泌によって、いろいろな疾患《しっかん》、たとえば免疫力《めんえきりょく》の低下による感染症《かんせんしょう》、胃潰瘍《いかいよう》(ストレス性潰瘍)や各種の精神的疾患になることがあります。ですから、ハンス・セリエの唱えたストレス学説は「病は気から」の典型的な例です。

また、薬の開発では、その効果と副作用について調べるために患者《かんじゃ》に投与する場合、患者を二つのグループに分けて、一グループには検査の対象となる治療効果の期待できる薬(主薬)を、もう一グループには主薬は含まないが外見、重量、味、においなどが主薬と同じプラシーボ(病気に効き目のある成分の含まれていないにせの薬、偽薬《ぎやく》)を投与します。

主薬とプラシーボのいずれが投与されたのかは、患者にも医師にも知らせません。これは「二重盲検試験《にじゅうもうけんしけん》」とよばれるのですが、薬の効果、副作用を調べる臨床《りんしょう》試験では必ず採用される試験方法です。その理由は、薬の副作用、治療効果には、次に述べるように心に起因する(心因性)プラシーボ効果があるからです。

慢性《まんせい》疾患や精神状態が影響《えいきょう》をおよぼしやすい疾患では、なんと、まったく無作用のはずのプラシーボでも、かなり高い治療効果をえることができるのです。このようなプラシーボ効果は、心因性の効果とよぶべきで、このプラシーボによる効果は、驚《おどろ》くべきことに、三〇〜四〇％の高率で現れることがあるそうです。

プラシーボ(placebo)の語源はラテン語の「喜ばせる」に由来し、文字通り「患者を喜ばせる」効果であるわけです。

プラシーボ効果については、「副作用に対するプラシーボ効果」(マイナスプラシーボ効果)というのもあります。たとえば、プラシーボとして本来は悪い症状がでないはずの乳糖を飲んだ人が、悪心《おしん》、けだるさ、口のかわき、身体のほてり、眠気《ねむけ》、疲労《ひろう》などを訴《うった》えた例が示されています。さらに激しいのは、胃のあたりの痛み、水様の下痢《げり》、皮膚《ひふ》の発疹《ほっしん》と唇《くちびる》のはれ、さらには紅い斑点《はんてん》状の小さなはれ、といった例まで示されています。

したがって、薬やワクチンを評価する場合には、効果についても副作用についても、プラシーボ効果のような心因性の要因を考慮《こうりょ》する必要があるのです。

薬《くすり》より養生《ようじょう》――薬害の回避《かいひ》

病気になってから薬を飲むよりは、日ごろの養生が大切だという意です。日本人はよく、薬好きといわれます。医者にかかったときに、多くの人は薬をぶらさげて帰りますが、もし薬をまったく出してもらわない場合には、何か物足りないと感じる人も多いのです。薬を処方されなかったことに不安を覚えて、医者に文句を言う患者《かんじゃ》もいます。

かぜ薬は症状《しょうじょう》を和らげるだけで、かぜの原因となるウイルスや細菌《さいきん》を殺したり失活《しっかつ》させたりするわけではありません。解熱《げねつ》効果で楽になることもありますが、発熱はウイルスの増《ぞう》殖《しょく》を抑《おさ》えたりする体の防御《ぼうぎょ》反応のひとつなので、必ずしも薬で解熱することが好ましいとはいえません。

薬には種々の副作用があり、過去にはサリドマイドという睡眠薬《すいみんやく》による奇形児の発生、整腸剤キノホルムによる腹痛、視力障害、手足のしびれをともなう「スモン」とよばれる深刻な薬害を引き起こしてきました。

スモンの原因は、患者が下痢《げり》などで服用した整腸剤であるキノホルムであることがわかりましたが、なぜか、日本人、それも女性に多発しました。下痢になるとキノホルムを服用し、そのためにさらに腹痛が続き服用をくりかえすという悪循環《あくじゅんかん》におちいったのです。

後述しますが、薬には毒としての側面があります。また、薬の効きかたや副作用には個人差があることが知られています。その典型は、女性に多く見られたキノホルムによるスモンの発症に見られます。そこで、最近はテーラーメイド医療《いりょう》といって、患者の個性に応じて医《い》療《りょう》を施《ほどこ》す療法が注目を浴びています。この療法では遺伝子診断によって、その患者に対する効き目や副作用をあるていど予測することが可能になります。

いずれにしても、薬を過信することには問題があります。超高齢社会になり、ときには一〇種以上の多剤からなる薬を飲んでいる、いわゆる「薬漬《づ》け」は現代の問題のひとつでもあります。

ところで、先の貝原益軒《かいばらえきけん》は養生《ようじょう》について、腹八分のほかに、酒はほどほどにすること、塩分をひかえること、野菜の摂取《せっしゅ》、歯の養生、薬の乱用の恐《おそ》ろしさ、タバコの害、運動のすすめ……、といった、今日に通じる健康への配慮《はいりょ》を強調しています。

◯毒薬変《どくやくへん》じて薬《くすり》となる——薬と毒

害をなすものが一変して役立つものに変わることがあり、毒薬も使い方によっては有益なものに変わる、というたとえです。

アマゾンの奥深いジャングルの先住民であるヒバロ族の狩人は、サルを狩《か》る目的で、毒物をぬりつけた吹き矢を使いました。矢が突《つ》き刺《さ》さるとサルは木から落ちて、五分もたたないうちに呼吸をしなくなりました。矢の先にぬりつけられていたのは、有名な猛毒《もうどく》のクラーレです。

図2-1　華岡青洲とチョウセンアサガオの花をモチーフにした切手

ところが、やがて、精製されたクラーレは外科医の手術を助けることになりました。これを注射することで、患者《かんじゃ》の不随意筋《ふずいいきん》のけいれんを抑《おさ》えることができ、手術をスムーズにおこなうことができるようになったのです。まさに「毒薬変じて薬となる」だったのです。

このように、科学的に考えても毒と薬の間には密接な関連があります。先に紹介したクラーレはその典型ですが、ほかにも多くの例があります。乳がんの手術で有名な江戸《えど》時代の医師・華岡青洲《はなおかせいしゅう》(一七六〇〜一八三五年、図2-1)は、手術に際してチョウセンアサガオやトリカブトをはじめとする六種類の毒草を材料とした「通仙散《つうせんさん》」を麻酔薬《ますいやく》として使いました。ときに、鎮痛剤《ちんつうざい》・麻酔薬として使用されるモルヒネは、ケシから抽出《ちゅうしゅつ》されます。

フランスの実験生理学の父とよばれているクロード・ベルナール(一八一三〜七八年)も、「毒は生命を奪《うば》う物質であると同時に、病をなおす手段でもある」と言っています。

毒《どく》を以《もっ》て毒《どく》を制《せい》す——抗《こう》がん剤《ざい》

悪人を使って、悪人を退治したり悪を排除《はいじょ》したりすることです。このことわざは、科学的に見ても薬にそのまま当てはまります。

がんの治療は、手術、抗がん剤による化学療法《りょうほう》、そして放射線療法が中心となっています。このなかで、抗がん剤と放射線はいずれも体にとって本来「毒」であり、したがってこれらによる療法は「毒を以て毒(がん)を制す」る方法である、ということができます。

抗がん剤には、細胞分裂《さいぼうぶんれつ》を阻害《そがい》する薬剤が使われることが多いのです。筆者はカンプトテシンという抗がん剤を培養《ばいよう》した細胞に与えて、その作用を調べたことがあります。細胞は、短時間で見るも無残な姿になって死にました。

抗がん剤は、毛根細胞、腸管上皮細胞、血液細胞など細胞分裂のさかんな正常細胞にとくに強い毒性を発揮するので、脱毛《だつもう》、下痢《げり》、免疫力《めんえきりょく》低下、貧血といった副作用を誘発《ゆうはつ》します。放射線も、生体内で大量の活性酸素を発生させ、そのために細胞は死にいたります。いずれも、がん細胞を殺すが人も殺してしまうことにもなりかねず、使い方が非常に難しいのです。

ただし、抗がん剤によって、がんを完治できる場合もあります。一部の白血病では、多くの患者が抗がん剤で救われていますし、ごく最近開発された免疫療法薬であるオプジーボ(一般名ニボルマブ)は、メラノーマ(皮膚《ひふ》がんの一種)に劇的な効果をあげ、さらに一部の肺がんにも有効であることが知られています。

放射線はがんの引き金にもなるのに、なぜがんの治療に使われるのか、不思議に思われるかもしれません。放射線は活性酸素を作りだします。本書でも後に「獅子身中の虫《しししんちゅうのむし》」の項目で述べますが、この活性酸素は細胞に作用して、遺伝子であるＤＮＡ《ディーエヌエー》に傷をつけ、それが原因で細胞の暴走を誘導します。その結果、一〇年、二〇年あるいはそれ以上の長い年月をかけて、がん細胞に変化させることがあるのです。

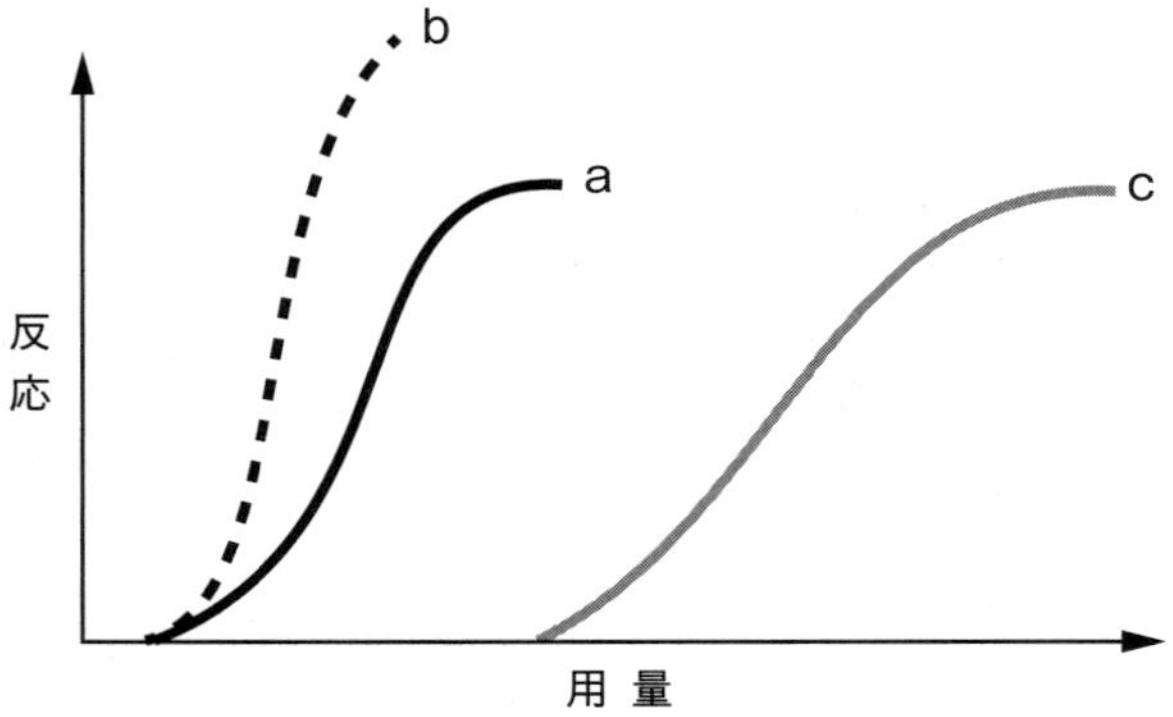

図2-2　用量曲線の例。薬物が一定の量(閾値[いきち])を超えると反応が現れ、量の増大とともに反応は強くなるが、ある量に達すると頭打ちとなる。したがって、曲線はS字型となる。薬物の種類により、a、b、cといったカーブを描く。最大効果は、bはaに比べて大きい。cはaと同じだが、用量が多くないと効果がでない。

そこで、がん以外の正常な組織にはできるだけ当てないようにして、がんの部分にのみ強い放射線を当てて、がん細胞を殺すのです。治療で正常組織に放射線が当たりDNAに傷をつけたとしても、それでがんになる確率は低く、もしあったとしても何十年か先のことになります。ですから、さしあたっての脅威《きょうい》であるがん細胞を殺すことができれば、放射線治療の目的を達することができます。

ところで、毒と薬の関係を考えるにあたって忘れてはならないことに、「用量曲線」があります。化学物質は、それを用いる量(用量)によって作用が様変わりし、それを示すのが用量曲線です(図2-

2)。量によっては「毒薬変《どくやくへん》じて薬《くすり》となる」し、逆に、「薬変じて毒薬になる」こともあるのです。

わかりやすいので、酒を例にして考えてみましょう。酒には人を酔《よ》わせる作用がありますが、それは酒に含まれるアルコール(エチルアルコール)という化学物質によるものです。その作用の程度はアルコールの量により変化するばかりでなく、作用の質まで変化するのです。少量ではほろ酔い気分になり、解放感やリラックスといった好ましい効果が期待されます。しかし量が多くなると、運動機能障害、意識混濁《こんだく》などが起こり、最後には死亡することまであります。

このような用量依存性《いぞんせい》はアルコールに限らず、薬をはじめとする多くの化学物質に見られます。食塩でさえ多量に摂取《せっしゅ》すれば死にいたります。

毒《どく》にも薬《くすり》にもならぬ——あってもなくてもよい存在

これは、「毒薬変《どくやくへん》じて薬《くすり》となる」とは対照的なことわざで、これといった害悪もないが有益でもない、どうでもよいことのたとえです。人にこのたとえを使ったならば、それにはむしろ軽蔑《けいべつ》の念が含まれているでしょう。

現在、世には多くのサプリメントが出回っています。そのなかには有益なものも多いことは思いますが、なかには副作用もないが効き目も疑わしい、「毒にも薬にもならぬ」ものが含まれていることも、否《いな》めないのではないでしょうか。

なお、肉、魚、野菜などの多くの食品は毒にも薬にもならなくても、栄養としてなくてはならないものです。多くの庶民《しょみん》も、悪人でもなければ偉人《いじん》でもない「毒にも薬にもならぬ」存在ではありますが、食品のようになくてはならない役割を担っていることもまた確かでしょう。

腸《はらわた》の煮《に》え返《かえ》る――腸《ちょう》は第二の脳

激しい怒《いか》りを、抑《おさ》えかねること。この成句《せいく》にある通り生理学的にみても、腸は緊張《きんちょう》や怒りに敏感《びんかん》に反応するようです。

アメリカの神経生理学者のマイケル・D・ガーションが、その著書『セカンドブレイン――腸にも脳がある!』(古川奈々子訳、小学館、二〇〇〇年)と題する本のなかで、「脳に存在しているセロトニンという物質は腸にも存在し、しかも体内のセロトニンの九五％が小腸の粘膜《ねんまく》にあるクローム親和性細胞《さいぼう》にある」と述べています。

セロトニンは血管の緊張を調節する物質で、その分泌《ぶんぴつ》が多すぎると下痢《げり》になり、少なすぎると便秘になります。食道、小腸、大腸の壁面《へきめん》には腸管神経系がネットワーク状にはりめぐらされており、セロトニンが介在して、腸の動きや血流に重要な役割を果たしています。なお、セロトニンは脳でも重要な働きをしており、うつ病と関係していることが知られています。

我々は、腸が脳と関係がありそうなことを、体験的に知っています。緊張したりストレスを受けたりするとお腹や胃が痛くなったり、旅行に行くと便秘になったりすることは、多くの人が経験しているでしょう。また、多くの神経症やうつ病の患者《かんじゃ》は、胃腸に変調をきたしているということです。

このように、医学的にみても怒れば腸にも影響《えいきょう》がでて、「腸の煮え返る」ことは十分ありえるはずです。このことわざの作者は、これらの最近発見された医学的な真理を、直感していたのかもしれません。

ついでに、腸内フローラ（腸内細菌《さいきん》の集団）についてもふれておきます。腸内細菌の大部分は酸素を嫌《きら》う嫌気性《けんきせい》で、糞便《ふんべん》一グラムあたりに約一〇〇〇億個、一〇〇種類を超えて存在しており、その総数は六〇〇兆個ともいわれています。

驚《おどろ》くべきことに、糞便の約半分は、腸内細菌ないしその屍骸《しがい》で占められているということです。腸内細菌は食物の消化に補助的役割を果たし、外来の病原菌の発育を抑えるなど、宿《しゅく》主《しゅ》の体調の維持《いじ》に役立っています。その代表格は、ヨーグルトなどに含まれている乳酸菌です。

このように役に立つ細菌は、「善玉菌《ぜんだまきん》」とよばれます。一方で、菌によっては有害な生産物が各種の障害の原因となることもあり、このような菌は「悪玉菌《あくだまきん》」とよばれています。

第3章　備《そな》えあれば憂《うれ》いなし
――体を守るしくみ

ことわざのなかには、脅威《きょうい》から身を守るために含蓄《がんちく》のあるものが少なくありません。その最たるものは、「備《そな》えあれば憂《うれ》いなし」です。これらのことわざに関連させながら、脅威から身を守るための免疫《めんえき》を中心とした、体を守るしくみである生体防御《せいたいぼうぎょ》機構について考えてみましょう。

備《そな》えあれば憂《うれ》いなし――体を守るしくみ

このことわざの意は、ふだんから準備をしておけば、万が一何か起こっても心配はないということ。および、将来に備えて常々の心がまえが必要だということです。

生物は進化する過程で数々の危険に遭遇《そうぐう》してきました。そのなかには、天変地異、自然放射線、あるいは火山噴火《ふんか》による有毒ガスなどの物理化学的な脅威《きょうい》がありました。生物にとってこれらに勝るとも劣《おと》らない脅威は、細菌《さいきん》やウイルスといった病原体でした。ウイルスは遺伝子を持ちますが、他の生物の細胞《さいぼう》中でしか増殖《ぞうしょく》できませんし、食塩や砂糖のように結晶《けっしょう》にもなります。ですからウイルスは生物と無生物の中間的な存在と考えられ、大腸菌《だいちょうきん》のような単細胞生物にとっても、また、多くの多細胞生物にとっても、大きな脅威です。

細菌は多くの多細胞生物に感染してそれを死に追いやります。ですから、生物はウイルスや細菌のような病原体に対する備えがなければ生き残ることはできず、そのために発達したのが、体を守るしくみである免疫《めんえき》機構でした。

防御《ぼうぎょ》機構は城の守りのように、何重もの備えでできています。ですから、生体《せいたい》の防御機構は、城と比較《ひかく》すると理解しやすくなります。

城壁《じょうへき》の役割を果たす皮膚《ひふ》・粘膜《ねんまく》

体の表面をおおっている皮膚は、水分の蒸散を防いだり、外傷から保護したりするととに、物理的にウイルスや細菌《さいきん》の侵入《しんにゅう》を防ぎ、城にたとえれば、いわば城壁の役割を果たしています。口、食道、胃、小腸、大腸といった消化管の粘膜、あるいは鼻腔《びくう》や気管支の粘膜も同様に城壁の役割を果たします。

食道、胃、小腸、大腸などの粘膜は粘膜上皮細胞からなっています。いずれも、食物、消化液、病原体などに直接接するので、常に、病原体からの侵入の危険にさらされています。そのために、周囲には腸間膜リンパ節などの免疫《めんえき》組織が十分に発達しています。リンパ節はいわば城に付随《ふずい》する砦《とりで》の役割を果たしています。

生体防御のかなめ、適応(獲得《かくとく》)免疫

皮膚や粘膜を破って侵入してきた病原体には、次の関門が待ち受けています。それは、上述した腸間膜リンパ節をはじめとして、要所ごとに守りを固める、リンパ節などの免疫組織です。

傷ができたりすると付近のリンパ節がはれて熱を持ちますが、それは病原体と白血球やリンパ球が激しく戦っているためです。白血球やリンパ球はいわば城兵に相当します。

リンパ球は、一度出会った病原体を認識《にんしき》し、記憶して、再び同じ病原体に出会うと、以前

より迅速《じんそく》に対応してそれを排除《はいじょ》することができます。このようにして私たちは感染症（疫《えき》）から効率よく免《まぬが》れることができる状態、すなわち、免疫になるのです。

このような能力は適応（獲得）免疫とよばれます。「適応免疫」「獲得免疫」という二つの言葉が使われていますが、ここでは前者を用います。適応免疫の意味は、以前出会ったことのある病原体に再び出会うと、より強く抵抗できる能力を持つように適応している、ということです。これに対して、病原体に出会う前から備わっている免疫は、自然免疫（後述）とよばれています。

適応免疫で主役を担うのは、B細胞、T細胞という二種類のリンパ球で、いずれも病原体の抗原《こうげん》（免疫を誘導《ゆうどう》するためのカギとなる物質で、通常は病原体に含まれているタンパク質）を特異的に認識します。

その他に、T細胞が抗原を認識するのを助ける、抗原提示細胞があります。抗原提示細胞の名前は、その細胞表面に抗原を提示し、そのことでT細胞による抗原認識を助けることに由来しています。表3-1に、適応免疫に関与するおもな細胞を示します。次に、これらの細胞をそれぞれ簡単に紹介します。

病原体を攻撃《こうげき》する際に重要な働きをするもののひとつに、「抗体《こうたい》」というタンパク質があ

表 3-1　適応免疫に関与するおもな細胞

分類	細胞種	おもな機能
リンパ球	B 細胞	抗体産生
	T 細胞	B 細胞のヘルパー作用、遅延型アレルギー反応、キラー作用、制御作用
抗原提示細胞	マクロファージ	食作用、抗原提示
	樹状細胞	抗原提示

ります。抗体は城兵が放つ鉄砲玉《てっぽうだま》や矢に相当します。抗体は、詳《くわ》しくは後述しますが、B細胞というリンパ球で作られて血流中に分泌《ぶんぴつ》されます。抗体はウイルスや細菌と結合し、これらの病原体を失活《しっかつ》させることができます。

抗体を分泌するB細胞は、細胞表面に抗体分子でできている「抗原受容体」を持っています。抗原受容体は、抗原を受け入れてそれを認識する役割を担います。

いろいろな病原体を認識できるB細胞の集団(B細胞クローン)はあらかじめ体に備わっており、B細胞が病原体に出会うと、対応する細胞クローンがその刺激《しげき》によって抗体を分泌するのです。クローンとは、遺伝的に同一である個体や細胞集団をさします。免疫では、同一の抗原を認識する均一なB細胞やT細胞の集団をクローンとよびます。

T細胞もいろいろな病原体に反応するT細胞の集団(T細胞クローン)に分かれています。細胞表面には抗体分子に似た抗原受容体が存在し、これで病原体の抗原を認識して活性化されます。T細胞には、ヘルパーT細胞(CD4《シーディーフォー》陽性T細胞)、キラーT細胞(CD8《シーディーエイト》陽性T細胞)があり、さらに、最近はこれらの細胞を制御《せいぎょ》する制御性T細胞の存在も知られるようになりました。

適応免疫で驚《おどろ》くべき点は、病原体に出会う前から、ほとんどあらゆる病原体の抗原を特異的に認識できるB細胞とT細胞のクローンがあらかじめ備わっていることです。自然界に存在したことのない、生物がまだ経験したこともないような人工的化合物でさえ認識できる細胞クローンが存在しているということは、非常に不思議なことです。

抗体分子の不思議

ヒトの遺伝子の数は、だいたい二万二〇〇〇程度であることがわかっています。一方、抗体分子の種類は、数百万種以上あるのではないかと考えられています。ですが、これだけの抗体分子の情報となるはずの遺伝子は存在しません。これは免疫学の大きな謎《なぞ》でした。

この謎に回答をあたえたのは日本の利根川《とねがわ》進《すすむ》(一九三九年〜)で、この業績により彼は一九八七年にノーベル医学生理学賞を受賞しました。

図3-1には抗体分子の模式図が示されています。抗原と結合する抗体の先端《せんたん》部位は矢印

で示されています。この部位の構造は、認識する抗原により変化するので「可変《かへん》領域」とよばれます。可変領域に対応する遺伝子は、膨大《ぼうだい》な数になるのです。

可変領域の遺伝子は数珠《じゅず》のように、断片化《だんぺんか》された遺伝子の組み合わせでできています。そこで、可変領域の遺伝子をわかりやすくするために、数珠玉とそれをつなげるひもからなっている数珠にたとえてみましょう。

専門的な言葉でいえば、数珠玉に相当する遺伝子断片はエクソン、ひもの部分はイントロンとよばれています。

いま、エクソンである数珠玉にアルファベット、A、B、C……で記号をふります。可変領域の遺伝子は三つの断片からできていると仮定すると、その部位はM、N、Q、あるいはA、O、Cという具合に、その組み合わせで、多様化することができます。

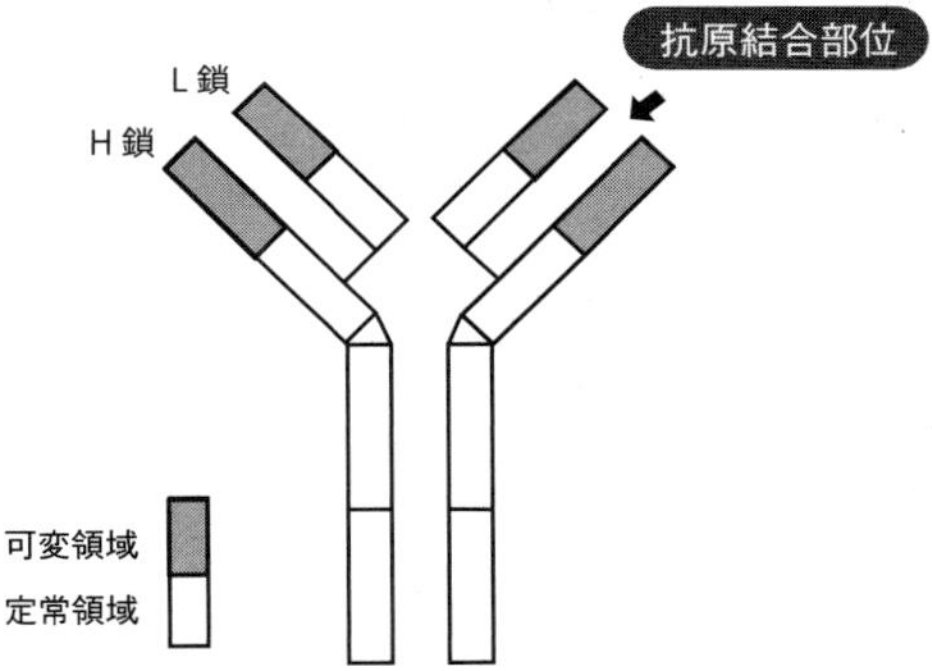

図3-1　抗体分子の模式図。抗体分子は全体としてY字形をしており、H鎖とL鎖それぞれ2本ずつで構成されている。両鎖の可変領域(抗体分子により変化する領域)ではさまれた先端のくぼみは抗原結合部位で、ここで多様な抗原を認識する。定常領域とは、抗体分子により変化しない領域。

これは遺伝子の「再構成」とよばれています。

このようなメカニズムにより、抗原認識部位の遺伝子は、限られた遺伝子断片(数珠玉)の再編成により、多数の抗体分子が作られます。さらに、L鎖《さ》とH鎖の組み合わせによっても多様化します。また、この部分の遺伝子の突然変異《とつぜんへんい》によっても多様化が引き起こされることがわかっています。これらのメカニズムが組み合わされることで、抗体分子の可変領域の多様化は膨大な数になるのです。

B細胞は表面に抗原受容体として抗体分子を持っていますので、それに対応する数のB細胞のクローンが存在し、その数も膨大になるのです。このようなメカニズムにより、事実上ほとんどあらゆる病原体の抗原に対応できるB細胞クローンと抗体分子が作られるのです。

T細胞の抗原受容体も基本的には抗体分子と似ており、T細胞クローンも同じようにほとんどあらゆる抗原に対応できるように多様化しています。

「備えあれば憂いなし」の根幹をなす適応免疫の原理、さわりだけを紹介しましたが、ご理解いただければ幸いです。

念《ねん》には念《ねん》を入《い》れ――免疫《めんえき》の多重構造

このことわざの意は、十分に注意を払ったうえにも注意をするということです。すでに述べたように、適応免疫は病原体と出会うことで効率よく病原体を駆除《くじょ》することができますが、私たちの体は、さらに「念には念を入れ」ることで安全を図っています。免疫のなかには病原体と出会うこととは無関係に成立している免疫があり、それは「自然免疫」とよばれています。

自然免疫では、くびれた核《かく》を持つ、「多形核白血球」と総称《そうしょう》される、好中球《こうちゅうきゅう》、好酸球《こうさんきゅう》、好《こう》塩基球《えんききゅう》や、円形の核を持つ「単核球《たんかくきゅう》」と総称されるマクロファージ、ナチュラルキラー細胞《さいぼう》(これはリンパ球の仲間)といった細胞が活躍《かつやく》します。これらは、細菌《さいきん》を食べたり、殺したりします。また、ナチュラルキラー細胞には、がん細胞を殺す能力もあります。

自然免疫には、さらに幅広《はばひろ》い機能を含めることもできます。ウイルスは熱に弱く、発熱によってウイルスの増殖《ぞうしょく》を抑《おさ》えることができるので、発熱も一種の自然免疫と考えることもできます。

免疫関連の細胞に限らず多くの細胞はウイルスに感染すると、インターフェロンとよばれる抗ウイルス効果を持つ液性因子を放出して、ウイルスを失活《しっかつ》させます。血液から赤血球のような細胞成分を除いた液体成分(血漿《けっしょう》)中にあるレクチンというタンパク質は昆虫《こんちゅう》にも存在し、最も古い自然免疫と考えられます。レクチンは細菌の表面にある糖と結合して、殺菌力を発揮します。

RNA《アールエヌエー》(DNA《ディーエヌエー》とならぶ核酸《かくさん》からなる遺伝物質で、第7章で詳《くわ》しく説明)を遺伝子に持つウイルスは、RNA干渉《かんしょう》というメカニズムで、ウイルスRNAが切断され、ウイルスは駆逐《くちく》されます。涙《なみだ》、唾液《だえき》、鼻汁《はなじる》、母乳などにはリゾチームとよばれる酵素《こうそ》が存在し、細菌の細胞壁《さいぼうへき》の多糖体を分解して殺菌作用をおよぼします。

最近、「トル様受容体」とよばれるタンパク質が、自然免疫で重要な役割を果たすこともわかってきました。これはヒトばかりでなく昆虫にも見つかり、かなり原始的な防御《ぼうぎょ》システムです。

この現象を発見したフランスのジュール・ホフマン(一九四一年~)は自然免疫関連の発見に寄与したアメリカのブルース・ボイトラー(一九五七年~)、抗原提示細胞である樹状《じゅじょう》細胞の発見者のカナダのラルフ・スタインマン(一九四三~二〇一一年)とともに、二〇一一年のノーベル医学生理学賞を受賞しました。

獲得《かくとく》免疫は多くの研究者の興味をひきつけ、早くから研究が進みましたが、それに比べると自然免疫の解明は遅《おく》れてなされました。

トル様受容体は、我々の体には存在しない形態の、細菌やウイルスの表面に存在する抗原や内部に存在する核酸を異物として認識《にんしき》します。そうすると病原体の排除《はいじょ》機構が活性化され、インターフェロンなどの抗ウイルス効果を持つ液性物質の放出が促進《そくしん》されます。

なお、自然免疫で放出されたインターフェロンやサイトカインなどの液性因子はそれ自身がウイルスなどの増殖を抑制《よくせい》するばかりでなく、Ｂ細胞やＴ細胞を活性化して、適応免疫にかかわるシステムを強化することも知られています。

免疫機構の進化で考えると、自然免疫は昆虫などにも存在することから、適応免疫に先行して発達した防御機構であると考えられます。

いずれにしても、このようにしてみると、生体《せいたい》はウイルスや細菌といった病原体に対して何重もの免疫機構を張りめぐらしていることがわかります。免疫システムは、古くからあることわざ、「念には念を入れ」の実践者《じっせんしゃ》でもあるわけです。

これまで紹介したほかに、体を守るしくみに関することわざ・成句《せいく》は多くありますので、以下、その一端《いったん》を紹介します。

肉《にく》を斬《き》らせて骨《ほね》を断《た》つ――キラーT細胞《さいぼう》

敵に勝つために捨て身の戦法をとること。刀と刀の戦いでも、自分も斬られる覚悟《かくご》でお互《たが》いが刀身の届く距離《きょり》にいなければ、相手に傷を負わすことはできません。似たような戦法は、たとえば「トカゲのしっぽ切り」といった生物現象にも見られます。ここでは、キラーT細胞を例に取り上げてみましょう。

細胞がウイルスに感染しても、細胞のなかのウイルスは抗体《こうたい》では排除《はいじょ》できません。しかし、感染した細胞の表面には、細胞内で作られたウイルス抗原《こうげん》の一部が存在します。

そうすると、キラーT細胞はそれを認識《にんしき》して、ウイルスが感染した自分の細胞を殺します。結果として細胞から放出されたウイルスは、抗体などにより排除されます。このように、キラーT細胞は自らの細胞を殺すことで、ウイルスを排除するのです。

二〇一六年のノーベル医学生理学賞は大隅良典《おおすみよしのり》東京工業大学栄誉《えいよ》教授に与えられました。彼は一貫《いっかん》して細胞の「自食《じしょく》（オートファージ）」について研究してきました。キラーT細胞の場合はウイルスを駆除《くじょ》するために自らの細胞を犠牲《ぎせい》にしたわけですが、オートファージでは、細胞を新鮮《しんせん》で健康な状態《じょうたい》に保つために、古くなった自分の細胞の成分や構造物を破壊《はかい》・消化します。

アポトーシスという現象もあります。これは不要になった細胞が自ら死ぬ現象で、個体をより良い状態に保つために積極的に引き起こされる細胞の自殺行為《こうい》のことです。動物の変態などでも見られ、オタマジャクシの尾《お》が消えてゆくのは、尾の細胞がアポトーシスを起こすからです。

いずれの現象にも共通する原理は、個体を形成する細胞、あるいは、細胞を形成する成分や構造物を破壊することで、自らの個体、あるいは細胞の生存や成長を図るということです。

この原理を種全体の存続に当てはめると、個体は種の存続のために自己を犠牲にするということにもつながります。サケは産卵を終えると間もなく死にます。ミツバチの場合には、自らの集団を守るために敵を刺《さ》すと、自分は死にます。

このように生物界では、いろいろなレベルで「肉を斬らせて骨を断つ」原理に貫《つらぬ》かれていることがわかります。

◯天然痘《てんねんとう》とはしかを無事《ぶじ》過ごすまで男の子《おとこ》《こ》をもったとはいうな――ワクチン

これはスペインのことわざですが、予防注射のない時代、天然痘とはしかがいかに恐《おそ》ろしい感染症《かんせんしょう》であったかを言い表しています。南米のマヤのように、天然痘の流行で滅亡《めつぼう》の危機に瀕《ひん》した文明も存在します。いずれも、ワクチンの発明によってその脅威《きょうい》は大幅《おおはば》に軽減されました。

男の子が育ちにくいことは、洋の東西ともに変わりはないようです。このことを反映して、「男の子は育ちにくいので男女数をそろえるために女の子より出生数が多くなっている」と一般《いっぱん》に信じられています。事実、出生時の性比は、男児一〇五人に対して女児一〇〇人の割合です。

医療《いりょう》の進歩などで男児の死亡率が低下し、その結果五〇歳あたりまでは男性の数が上回りますが、一般に女性の方が長生きであり、それ以降は女性の数が上回ります。一〇〇歳以上に占める女性の割合は日本では八七%に達します。女性の方が長生きな理由はなにか、といったことについてはいろいろな説が唱えられていますが、まだ明確な答えはでていません。

少々本筋からそれてしまいましたが、本題のワクチンの話に戻《もど》ります。

イギリスの医者であった、エドワード・ジェンナー(一七四九〜一八二三年)の開発した天然痘ワクチン(種痘《しゅとう》)により救われた人は数えきれないでしょう。

まず、ワクチンについて、その語源も含めて簡単に説明します。ジェンナーは、ウシの牛痘《ぎゅうとう》から採取した膿《うみ》を少年に接種したところ、その少年は天然痘患者《かんじゃ》の膿を接種しても天然痘から免《まぬが》れたのです。

いずれの膿にも病気の原因となる牛痘ウイルスや、天然痘ウイルスが含まれています。もしもジェンナーの仮説が誤りであったならば、この少年は天然痘にかかり死ぬというリスクがありました。この人体実験がおこなわれたのは、一七九六年のことで、ワクチンの出発点です。

ウシの牛痘はラテン語で *Variolae Vaccinae* とよばれていますが、英語の vaccine はこの言葉に由来します。ワクチンとは、それ自身では強い病原性(病気を起こす能力)を持たないのですが、抗原《こうげん》として作用して、適応免疫《めんえき》を付与する物質のことをいいます。

ワクチンの効果は絶大でした。たとえばスウェーデンにおいてワクチン接種開始から接種義務化までの間(一七七〇〜一八四三年)に、天然痘による死亡率が激減しました。世界保健機関(WHO)の天然痘根絶計画が功を奏し、一九八〇年には天然痘が世界から根絶されたことが宣言されました。したがって、今では、天然痘は大きな脅威ではなくなりました。

では、はしかはどうでしょうか。はしかも予防ワクチンがあり、先進国ではそれほど恐ろしい病気ではなくなりましたが、発展途上国《とじょうこく》では子どもにとって依然《いぜん》として大きな脅威であることに変わりはありません。二〇一六年のはしかによる死者は、世界で推定九万人ほどです。

これまで述べてきましたように、幾重《いくえ》にも防御《ぼうぎょ》機構をはりめぐらした免疫機構が私たちの体に備わっているにもかかわらず、過去に天然痘やペストといった疫病《えきびょう》のために、人類が絶《ぜつ》滅《めつ》の危機に瀕してきました。しかし、人類はワクチンと抗生《こうせい》物質や化学療法《りょうほう》剤を発明することでこの危機を克服《こくふく》することができたのです。

しかし、感染症の脅威が去ったわけではありません。最近ではアフリカでのエボラ出血熱が大きな話題になりましたし、新型インフルエンザの脅威は去っていません。また、ごく最近、日本人の死亡原因の三位に肺炎《はいえん》が浮上《ふじょう》してきました。したがって、ワクチンの重要性は今後高まることはあっても、減ることはないでしょう。

ワクチンは感染症のために開発されましたが、ワクチンの新たな適応領域が広がりつつあります。そのひとつはがんワクチン、広い意味ではがんに対する免疫療法です。「獅子《しし》身中《しんちゅう》の虫」の項で詳《くわ》しく述べるように、がんはいわば身内の細胞《さいぼう》の反乱です。したがって、がん細胞は正常な体細胞との区別が難しく、がん免疫が成立するのかどうか長らく疑問視されてきました。しかし、一部のがんの防御には免疫が関与していることがはっきりしてきたのです。

最近大きな進展のあったメラノーマ（悪性黒色腫《こくしょくしゅ》）に対する治療薬、「オプジーボ」（一般名ニボルマブ）は、がんに対する免疫を利用した抗がん剤で、一部の肺がんなどにも効果があることが明らかになってきました。この薬の原理は、免疫にブレーキをかける制御性《せいぎょせい》T細胞のはたらきを抑制することです。そのことで、活性化された免疫細胞が、がん細胞を攻撃《こうげき》するのです。

このブレーキをかけるのは、表3-1に示した、制御作用を担うT細胞です。

彼《かれ》（敵《てき》）を知《し》り己《おのれ》を知《し》らば百戦危《ひゃくせんあや》うからず――自己・非自己認識《にんしき》

このことわざの意は、敵の実情と味方の実情を十分に知っていれば、何回戦っても決して負けることはないということで、中国・春秋《しゅんじゅう》時代の兵法家孫武《そんぶ》の著と伝えられている、

『孫子《そんし》』の兵法にでてくる言葉です。

先に、B細胞《さいぼう》とT細胞はほとんどあらゆる抗原《こうげん》を認識できる能力を備えているとのべましたが、そうだとすれば、そのなかには、自分の生体《せいたい》成分を認識して自分の細胞を攻撃《こうげき》する細胞クローンも存在することになります。事実はその通りであり、自分の細胞を攻撃するようなクローンも存在します。

もしそのようなリンパ球のクローンが存在し続けると、困ったことになります。そうならないように、自分の体に反応するリンパ球は、リンパ球が多様なクローンに分かれる過程で排除《はいじょ》されます。このように免疫《めんえき》機構は、己である自分の体(自)と敵である病原体(他)をしっかり区別しているのです。これは、「自他認識」とよばれます。

自他認識の例をもうひとつ挙げます。T細胞はマクロファージや樹状《じゅじょう》細胞とよばれる抗原提示細胞の力を借りて、その細胞の表面に提示された抗原を異物として認識します。ただし、その際に、抗原を単独では認識することはできず、抗原提示細胞の表面にある自己のヒト白血球抗原(HLA)と一緒《いっしょ》にしか認識できないのです。この白血球抗原は、後述するように、自他の標識となる抗原で、臓器移植の際に拒絶《きょぜつ》反応の原因になります。

免疫機構はこのようにして敵を知り己を知っている、孫子の兵法の立派な実践者《じっせんしゃ》であるといえます。

諸刃《もろは》（両刃《もろは》）の剣《つるぎ》──自己免疫疾患《めんえきしっかん》

両側に刃のついている剣は、使い方を誤ると自分も傷つけることがあることから、相手に打撃《だげき》を与えるが、自分もそれと同じくらいの打撃を受けるおそれがあることのたとえです。

免疫機構は「諸刃の剣」にほかなりません。これまで述べてきたような自他認識がうまく機能しなかったらどうなるでしょうか。その場合は、自己免疫疾患というやっかいなことになります。自己免疫疾患とは、本来自分の体を守ってくれるはずの免疫が、自分の体を攻撃《こうげき》して、病気を引き起こしてしまう疾患です。

関節リウマチでは、関節に存在するコラーゲンのようなタンパク質が免疫反応による攻撃で変性することで、強い炎症《えんしょう》反応が引き起こされ、痛みや関節が曲がらなくなるといった症《しょう》状《じょう》になるのです。

潰瘍性《かいようせい》大腸炎は、大腸の粘膜《ねんまく》に炎症や潰瘍ができる疾患で、詳《くわ》しい原因はわかっていませんが、過剰《かじょう》な免疫反応が関与していることはわかっています。

重症筋無力症は、末梢神経《まっしょう》と筋肉の接合部が抗体《こうたい》によりおかされ、全身の筋力が低下する病気です。

すい臓から分泌《ぶんぴつ》されるインスリンというホルモンは、血液中の糖を利用するうえで重要な働きをします。糖尿病《とうにょうびょう》は、インスリンの働きが悪くなり、血液中の糖の濃度《のうど》(血糖値)が高くなる病気です。血糖値が高くなると毛細血管がおかされて腎臓病《じんぞうびょう》になったり、視神経がおかされて視力を失ったりします。

糖尿病は、すい臓でのインスリンの分泌が悪くなって起こる1型と、細胞がインスリンの作用を受けにくくなる2型の二種類存在します。1型糖尿病の原因にも自己免疫が関与している場合があります。インスリンを分泌するすい臓のランゲルハンス島《とう》β《ベータ》細胞を抗体などの免疫システムが攻撃・破壊《はかい》し、インスリンが作られなくなって、重篤《じゅうとく》な糖尿病になるのです。

艱難汝《かんなんなんじ》を玉《たま》にす——病原体と免疫《めんえき》機構

人間は苦労(艱難)の経験によって立派に成長する(玉になる)という意です。英語の

「Adversity makes a man wise」(逆境は人を賢《かしこ》くする)からの翻訳《ほんやく》です。

これまで述べてきたような巧妙《こうみょう》な生体《せいたい》の免疫機構は、数々の病原体との闘《たたか》いの中で築かれたものです。ですから生体の免疫機構は、病原体にきたえられて発達したのです。

生物にとっての「艱難」は、なにも病原体により引き起こされるとは限りません。生物は、常に捕食者《ほしょくしゃ》に囲まれて生活しています。そのために、視覚、聴覚《ちょうかく》、嗅覚《きゅうかく》を発達させ、また、牙《きば》や爪《つめ》のような防御《ぼうぎょ》ならびに攻撃《こうげき》のための器官も発達させてきました。

ですから、生物はお互《たが》いとの闘争《とうそう》を勝《か》ち抜《ぬ》くために、見方を変えると、お互いとの切磋琢磨《せっさたくま》により、より高次な機能を発達させてきたということができます(第７章の進化の項目で詳《くわ》しく説明します)。

敵《てき》もさるもの引《ひ》っかくもの——病原体も負けてはいない

このことわざの意は、敵はしたたかであり、なかなかやるものだと、感心していることです。「さる」は、敵としては相当なものであるという意の「然《さ》る」に動物のサルをかけ、サルだから引っかくものだとしたしゃれです。

これまで、われわれの体は、適応免疫《めんえき》や各種の自然免疫により十重《とえ》二十重《はたえ》に守られていると述べてきました。では、われわれの体は万全かというと、それはとんでもないことです。

人類はこれまでに、天然痘《てんねんとう》やペストといった疫病《えきびょう》におびやかされてきました。エイズ（後述）のような感染症《かんせんしょう》も現れました。インフルエンザは依然《いぜん》として人類の大きな脅威《きょうい》です。ウイルスや細菌《さいきん》といった病原体は、いままでも、これからも大きな脅威であることには変わりはありません。このことわざ通り、「敵もさるもの引っかくもの」なのです。

たとえば、インフルエンザウイルスやエイズウイルスは、免疫から逃《のが》れるために、変幻《へんげん》自在に遺伝子変異をくりかえします。細菌は抗生《こうせい》物質に出会うと、それから逃れるために遺伝子変異や自然選択《せんたく》によって耐性《たいせい》を獲得《かくとく》した菌が生き残ります。そして抗生物質がきかない、やっかいな耐性菌が生じます。

他力本願《たりきほんがん》――生き残り作戦

本来の意は、阿弥陀如来《あみだにょらい》の人々を救いたいという願い（本願）の力によって極楽往生《ごくらくおうじょう》できるようにすることで、転じて、自分では努力せずに他人の力を頼《たよ》って物事をなしとげようとする意でも使われています。一般《いっぱん》には、後者の意味で使われることが多いでしょう。

他力本願を実行しているのは、各種の寄生生物です。例としてカイチュウがあります。戦後間もないころは、カイチュウによる人への寄生が大きな問題でした。

少々汚《きたな》い話になりますが、筆者が小学生のころは「検便」が実施《じっし》されていました。カイチュウとはおもに小腸に寄生する寄生虫で、線虫の仲間に属します。その卵は宿主《しゅくしゅ》である人の糞便《ふんべん》に排《はい》せつされます。当時はまだ糞尿《ふんにょう》が肥料として使われていたので、そこから卵が野菜につきました。その野菜を食べることで、カイチュウに寄生されたのです。

信じられないような話ですが、筆者は、ミミズのようなカイチュウが口からでてきたという、忘れることのできない強烈《きょうれつ》な体験があります。

生物界は、お互《たが》いに利用し利用される関係にあります。自らは寄生しなくとも、何らかの生物に寄生されているのが一般的であり、寄生に無関係な生物など存在しないでしょう。

そういう意味では、地球上のすべての生物は多かれ少なかれ他力本願であるということもできます。人間を例にとっても、すでに述べたように腸内には常在する大量の腸内細菌が存在し、我々の健康の維持《いじ》にも寄与しています。

ウイルスは「他力本願」で生きている病原体です。「備《そな》えあれば憂《うれ》いなし」の項でも述べたように、ウイルスは細胞《さいぼう》に寄生することでしか増殖《ぞうしょく》できません。食塩のように結晶化《けっしょうか》もしますので、生物と無生物の中間のような存在と考えられています。

たとえば、インフルエンザウイルスは空気中に浮遊していますが、鼻やのどの粘膜《ねんまく》に付着すると、やがて粘膜細胞に侵入《しんにゅう》し、ウイルスはそこで増殖します。そのために、鼻水やせきがでます。感染がひどいと、ウイルスは周囲のリンパ節に達し、リンパ節がはれたりして、発熱します。

ウイルスにはDNA《ディーエヌエー》を遺伝子とするものとRNA《アールエヌエー》を遺伝子とするものの二種類存在します。DNAもRNAもいずれも遺伝子を構成する核酸《かくさん》ですが(詳《くわ》しくは第7章参照)、大きな違いのひとつは、DNAが糖としてデオキシリボースを用いているのに対して、RNAはリボースを用いていることです。

リボースはデオキシリボースに比較《ひかく》して化学的に不安定です。そのために、RNAを遺伝子とするエイズウイルスやインフルエンザウイルスは容易に変異し、このことが有効なワクチンを開発するうえで大きな障害になっています。

一方、DNAを遺伝子とする天然痘《てんねんとう》ウイルスのようなDNAウイルスは比較的安定しています。

ウイルスは宿主に甚大《じんだい》な被害《ひがい》をおよぼすにもかかわらず、己の生存は宿主にすべてを頼る、「他力本願」の実践者《じっせんしゃ》なのです。

攻撃《こうげき》は最大《さいだい》の防御《ぼうぎょ》——ごく普通《ふつう》の戦略

敵や相手をせめることは、結果として一番の守りになるという意。そもそも体の免疫《めんえき》機構は、このことわざの実践者《じっせんしゃ》です。免疫機構は病原体を攻撃して排除《はいじょ》することで、体の防御に大きく貢献《こうけん》しているのです。

エイズ(後天性免疫不全症候群)について考えてみましょう。これは、エイズウイルス(HIV、ヒト免疫不全ウイルス)で起こる感染症《かんせんしょう》です。エイズウイルスは体の免疫機構で中心的役割を果たしているヘルパーT細胞《さいぼう》に感染し、これを破壊《はかい》し、結果として免疫機能を無力化します。そのために、普通は脅威《きょうい》とならないような病原性の低い細菌《さいきん》や真菌《しんきん》(かび)をはじめとして、あらゆる病原体に対して、エイズ患者《かんじゃ》は無抵抗《むていこう》になります。

エイズウイルスの巧妙《こうみょう》な戦略のひとつは、免疫で主役を演じるヘルパーT細胞を攻撃の対象として選んでいることです。エイズウイルスはいわば敵の軍隊の中枢《ちゅうすう》をねらって攻撃しているようなものなのです。つまりエイズウイルスは「攻撃は最大の防御」を実践して、自らの身の安全を確保しているのです。

また、エイズウイルスは自らの遺伝子をRNAからDNAに変えることで、自分の遺伝情報を安全な形で宿主《しゅくしゅ》の遺伝子にもぐりこませ、宿主の免疫による攻撃から守るという離《はな》れ業《わざ》もやってのけています。

チャンスをうかがい、このようにしてもぐりこんだエイズウイルスのDNAからは、RNAウイルスであるエイズウイルスが増殖《ぞうしょく》し始めるのです。

過《す》ぎたるは猶《なお》およばざるが如《ごと》し――アレルギー

物事の程度が過ぎるのは、たりないことと同じようによくないという意。

立春もすぎて寒さも和らぎ始めほっとしたころ、人々を憂鬱《ゆううつ》にさせるものに、スギ花粉症があります。スギ花粉症は免疫《めんえき》反応によってもたらされます。

スギ花粉は病原体とは異なり、体には害ではないので、排除《はいじょ》する必要はありません。しかし、生体《せいたい》はスギ花粉に過剰《かじょう》反応してしまうのです。人間側の体質の変化に加え、花粉の量の増加も、花粉症になやむ人が増えた原因と考えられています。戦後、スギの植林が活発におこなわれ、大きくなったスギの木が大量の花粉を放出していることが指摘《してき》されています(図3-2)。

図3-2　花粉を飛ばすスギ

このような過剰な免疫反応は、アレルギー反応とよばれます。アレルギー反応は、「過ぎたるは猶およばざるが如し」の典型です。

スギ花粉症で命を落とすことはめったにありませんが、人によっては、タマゴ、エビ、カニ、ソバなどの通常の食品、あるいはペニシリンのような薬剤に対して生じる強いアレルギー反応は、生命にかかわることがあります。アレルギー反応では、IgE《アイジーイー》という抗体《こうたい》が関与します。

タマゴに対するアレルギーを例にとってみましょう。タマゴの抗原《こうげん》に対するIgEは、全身に広く分布する肥満細胞《さいぼう》の表面に付着します。このIgEにタマゴの抗原がつくと、肥満細胞から大量のヒスタミンが放出されるのです。ヒスタミンは血管の拡張作用などを介した血圧の降下作用があり、それが原因で全身性ショックを起こして命にかかわることもめずらしくありません。

泣《な》き面《つら》に蜂《はち》——日和見《ひよりみ》感染症《かんせんしょう》

悪いことが、続けざまに起こるたとえです。

災いの連鎖《れんさ》は、ひとつの病気をきっかけとしてよく起こります。たとえば病気になって体力がおとろえると免疫力《めんえきりょく》が低下し、いろいろな感染症《かんせんしょう》にかかりやすくなります。とくに問題になるのは次に紹介する、日和見感染症です。

細菌《さいきん》は皮膚《ひふ》や粘膜《ねんまく》の外側に常在菌として存在しますが、体内に侵入《しんにゅう》することはありません。その種類は約一〇〇〇、その数は人の体を構成している細胞《さいぼう》の数(約三七兆個)の一〇数倍の一〇〇〇兆個にのぼります。

健康で免疫力がしっかりしていれば、体にとって常在菌は無害です。それどころか、腸内細菌の項で説明したように、常在菌のなかには体の役に立っているものも少なくありません。

しかし、体の抵抗力《ていこうりょく》が低下すると、これらの常在菌の一部は異常に増殖《ぞうしょく》し、体内に侵入し、血流を介して全身に回ります。これは敗血症《はいけつしょう》とよばれる重篤《じゅうとく》な症状《しょうじょう》です。

形勢をうかがって、自分の都合のよい方につこうと二股《ふたまた》をかけるような態度は「日和見主義」といわれます。常在菌の一部は、宿主《しゅくしゅ》が元気なときにはおとなしくしているのですが、弱ってくると見るや暴れだすので、このような感染を「日和見感染」というのです。エイズ患者《かんじゃ》では、典型的な日和見感染症が見られます。

また、日和見感染症の多くは、病院に入院している患者の院内感染でも見られます。病院内には、薬剤耐性菌《たいせいきん》が多く存在します。薬剤耐性菌とは、抗生《こうせい》物質のような抗菌剤に対して抵抗力を獲得《かくとく》した細菌のことです。それによって起こる感染には、抗生物質が効きにくいことになります。

かぜはおもに抗生物質の効かないウイルス感染ですが、かぜにも抗生物質が多用されています。また、家畜《かちく》の飼料にも抗生物質が使われています。このような抗生物質の乱用が薬剤耐性菌の出現の大きな要因になっており、その乱用の抑制《よくせい》が強く叫《さけ》ばれています。

日和見感染症にかかるのは、「泣き面に蜂」の典型ですが、似たようなことわざに、「弱《よわ》り目《め》に祟《たた》り目《め》」があります。

◯人《ひと》は百病《ひゃくびょう》の器《うつわ》もの——体は病原体の培養《ばいよう》装置

このことわざの意味は、人間はあらゆる病気にかかり、まるで病気を入れる容器のようだということです。江戸《えど》時代にでてくることわざで、ここにでてくる「百病」とは、大部分が感染症《かんせんしょう》であったと思われます。

事実、私たちの体は本来ほとんどあらゆる病原体が増殖《ぞうしょく》可能な、培養容器のようなものです。なによりも栄養分に富んでいます。

そうならないのは、本章で紹介したような、自然免疫《めんえき》と適応免疫といった生体防御《せいたいぼうぎょ》機構が備わっているからです。病気になって免疫機構がおとろえると、常在菌が頭をもたげ、日和《ひより》見《み》感染症にかかることはすでに述べた通りです。

いやな例ですが、人が病原体の培養器であることは、我々の体は死ぬとあっという間に細《さい》菌《きん》のすみかとなり、くさり始めることからもわかります。

第４章　諸行無常《しょぎょうむじょう》

——老化とがん

老化や死から免《まぬが》れることのできる人はいません。以前は感染症《かんせんしょう》が日本人の死亡原因のトップを占めていましたが、現在ではがんにその地位を譲《ゆず》っています。がん化は、広い意味では老化に含めて考えることができます。そこで、本章では老化とがんを一緒《いっしょ》に考えてみます。

ゆく河《かわ》の流《なが》れは絶《た》えずして、しかももとの水《みず》にあらず——命の回数券

これは、平安時代末期から鎌倉《かまくら》時代にかけての歌人・随筆家《ずいひつか》であった鴨長明《かものちょうめい》（一一五五～一二一六年）が書いた『方丈記《ほうじょうき》』の冒頭《ぼうとう》の文です。

この文はさらに、「よどみに浮《うか》ぶうたかたは、かつ消えかつ結びて、久しくとゞまりたるためしなし。世中《よのなか》にある人と栖《すみか》と、又かくのごとし。」(『方丈記』岩波文庫、一九八九年)と続きます。ここには、人の世の「無常」が象徴的《しょうちょうてき》に述べられています。『広辞苑《こうじえん》』によれば、無常の意は次の通りです。①仏教で、一切のものは生滅《しょうめつ》・変化して常住でないこと。②人生のはかないこと。③人の死去。

我々の体は約三七兆個の細胞《さいぼう》からできていますが、細胞には寿命《じゅみょう》があり、それが個体の死と結びついています。細胞には寿命があることを発見したのは、アメリカの解剖《かいぼう》学者、レオナルド・ヘイフリック(一九二八年〜)でした(「おわりに」参照)。

この発見を含め、細胞レベルでの研究に大きく寄与したのは、細胞培養《ばいよう》技術です。この技術では、体から組織の一部を取りだして、ばらばらの細胞にして、それを試験管のなかで増やすのです。

細胞は培養に移すと永久に増殖《ぞうしょく》する、すなわち、不死化しているというのが、ヘイフリックが実験を手がけていた当時の定説でした。しかし、ヒトの細胞を培養していると、一定の回数細胞分裂《ぶんれつ》をしたあとに、細胞は死に絶えることを彼は発見したのです。

細胞分裂の回数に限界のあることを発見したヘイフリックは、細胞には分裂回数を数える一種の計数器(レプリコメータと名付ける)が存在するのではないかと提唱しました。

実際、レプリコメータに対応する細胞の構造が明らかにされました。それは、テロメアとよばれる染色体の末端《まったん》を保護するキャップのような構造です。この発見に対して、二〇〇九年のノーベル医学生理学賞は、テロメア関連の発見に寄与した、エリザベス・H・ブラックバーン、キャロル・W・グライダーおよびジャック・W・ショスタクの三人に授与されました。

テロメアとは、核《かく》に存在する遺伝子の収納装置である染色体の両末端に存在し、染色体を保護する役割を担うキャップ構造です。テロメアは後述する、図４-１の染色体の末端に示されています。

ヒトではこの構造はＴＴＡＧＧＧという塩基《えんき》配列(核酸《かくさん》の四つの塩基、アデニン(Ａ)、グアニン(Ｇ)、シトシン(Ｃ)、チミン(Ｔ)でできた配列)のくりかえしからなります。テロメアはこのような特徴《とくちょう》のあるＤＮＡ《ディーエヌエー》の配列を持っているために、この部分を染めて顕微鏡《けんびきょう》で見ることができます(図４-１)。

体の多くの組織では、消耗《しょうもう》した細胞は常に新しい細胞で置きかえられています。この際に、体細胞は細胞分裂をくりかえし、それとともにテロメアは日々短くなるのです。テロメアは、

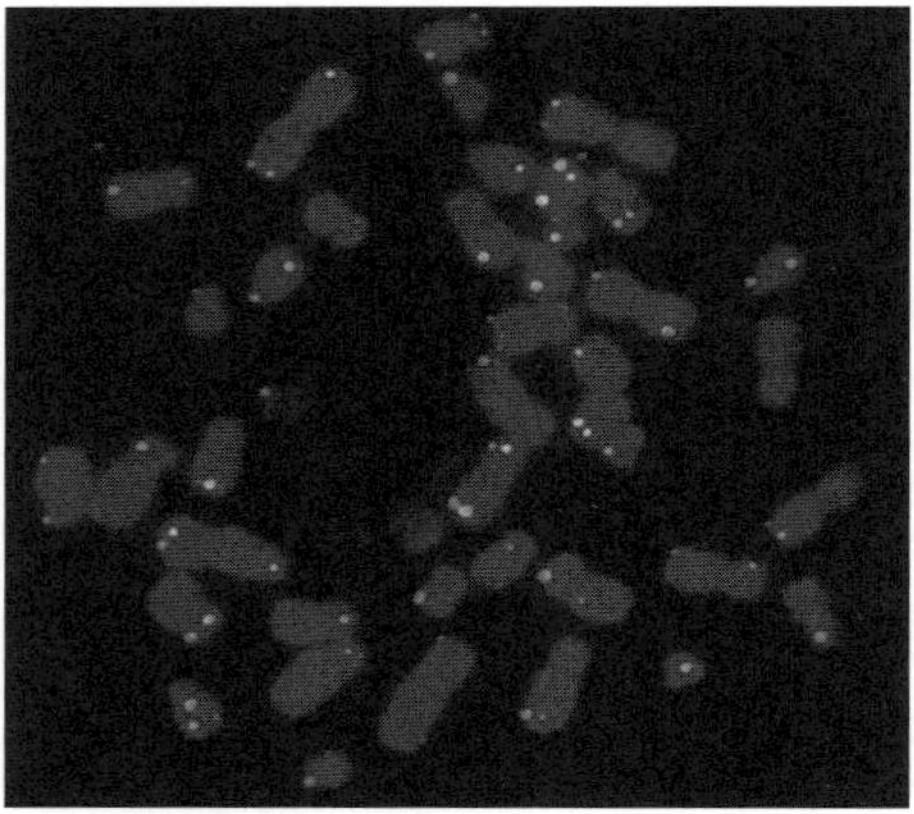

図4-1　染色で可視化されたテロメア。薄く示されている太い棒状のものが染色体で、白い点状のものがテロメア。

細胞寿命を決めている、一種の「寿命時計」でもあります。

細胞分裂によってテロメアが一定の長さまで短くなると、細胞は分裂を停止します。それ以上短くなると、染色体はお互《たが》いに結合したりして不安定になり、がん化などの危険性が高まります。その危険を回避《かいひ》するために、細胞分裂にブレーキがかかります。これがきっかけになって細胞は老化し、やがて死にいたります。

ブレーキのかかるテロメアの長さはだいたい五〇〇〇塩基対で(塩基対とはAとT、GとCの組み合わせ。第7章参照)、これは「ヘイフリックの限界」とよばれています。このような細胞老化現象は培養細胞で観察されたのですが、生体《せいたい》でも同様のことが起きていることが明らかにされました。

ヒトの血液細胞のテロメアの長さを年齢を追って調べた研究では、テロメアは加齢とともに短くなることが示されています。ゼロ歳から一〇〇歳あたりまでのデータによれば、ゼロ歳のテロメアの長さは一万〜一万五〇〇〇塩基対ですが、加齢とともに短くなり、それを一〇〇歳以上に延長して類推するとだいたい一二〇歳付近でテロメアの長さは細胞が分裂できる限界、すなわち、ヘイフリックの限界である五〇〇〇塩基対になります。

「命の回数券」が、テロメアにふさわしい呼び名でしょう。このように、テロメアの短縮に基《もと》づくのが、老化の「テロメア説」です。私たちは、今日、明日、明後日といった短い時間では外見上なんの変化もないのですが、その間にもテロメアは日々確実に短くなります。テロメア説は、『方丈記』冒頭の、「ゆく河の流れ」で始まる文章のごとく、我々の体の「無常」を象徴しています。

老化には、ミトコンドリアの劣化《れっか》も大きく関与していることが知られています。興味深いことに、ミトコンドリアの酵素《こうそ》の活性がゼロになるのは、やはり一二〇歳付近です。ミトコンドリアの劣化は、後述する活性酸素の大量発生の原因となって老化を促進《そくしん》するのです。以上の結果はいずれも、ヒトの最大寿命が一二〇歳あたりにあることを示します。

「テロメア説」と「ミトコンドリア説」はいずれも老化に関する有力な仮説ですが、以前は両者には直接の関係がないと思われていました。しかし、実際には相互《そうご》に密接に関連していることがわかってきました。

最近、高齢者の人口動態を詳細《しょうさい》に調べた結果、人の寿命の限界は一一五〜一二五歳(中間値一二〇歳)にあるという研究が、イギリスの科学誌「ネイチャー」に報告されました。

したがって、分子生物学的な解析《かいせき》結果と人口動態による解析というまったく異なるアプローチからなされた研究の結果は、ヒトの最大寿命は一二〇歳あたりであるということで一致《いっち》し、注目されます。

ちなみに、ギネスブックに登録された最も長く生きた人は、一二二歳まで生きたフランス人の女性、ジャンヌ・カルマンということになっています。

流《なが》れる水《みず》は腐《くさ》らず――新陳代謝《しんちんたいしゃ》

常に活動し新陳代謝をしているものは、腐ったり停滞したりしないということ。「流水腐《りゅうすい》らず」ともいいます。

表皮細胞《さいぼう》は活発な新陳代謝をしており、垢《あか》は古くなって死んだ表皮細胞です。

血液細胞も新陳代謝の激しい組織で、骨髄《こつずい》では毎日二〇〇〇億個もの赤血球が作られ、毎日同じ数だけの古くなった赤血球が体から除かれています。赤血球の平均寿命は一二〇日ほどで、古くなった赤血球は脾臓《ひぞう》などでマクロファージという細胞によって破壊《はかい》され、除去されます。

胃や腸《ちょう》などの粘膜《ねんまく》の細胞も、消化酵素《こうそ》や食物と直接接触《せっしょく》するために傷つきやすく、活発に新陳代謝され、古い細胞は新しい細胞に置きかわっています。

なお新陳代謝をおこなっている組織・臓器はここに紹介したものにとどまらず、骨など一見変化のないような組織でも活発な新陳代謝がおこなわれています。

このような新陳代謝があるからこそ、私たちの体は常に新鮮《しんせん》で、健康な状態《じょうたい》が保たれているのです。

似たことわざに、「転石苔《てんせきこけ》を生《しょう》ぜず」があります。これは、「A rolling stone gathers no moss」の訳で、もともとはギリシャ語・ラテン語に由来する古いことわざです。じつは、古くイギリスにおいてなされた解釈《かいしゃく》と、アメリカに渡ったあとでの解釈では、意味がまったく逆になっています。イギリスでの解釈は「頻繁《ひんぱん》に転職や転居をする者は金もたまらないし、何事も成就することはできない」ということですが、アメリカでの解釈は「いつも積極的に行動しているものは、沈滞《ちんたい》することがなく清新でいられる」ということです。両国の国民性が反映されておもしろいのですが、アメリカの解釈の方は、「流れる水は腐らず」に意味が近いわけです。

体に限らず、会社、官庁、政党などの社会的組織でも新陳代謝がおこなわれないと、組織が腐ってゆくことはよくあることです。

◯不老長寿《ふろうちょうじゅ》——実践者《じっせんしゃ》

秦《しん》の始皇帝《しこうてい》(紀元前二五九〜紀元前二一〇年)は、史上初めて中国の統一を成しとげました。司馬遷《しばせん》の『史記《しき》』には、始皇帝が山東半島をめぐっているときに、不老不死を可能にできると主張する徐福《じょふく》という仙術士《せんじゅつし》に出会ったことが記されています。

当時中国には、海の果てに住む仙人が不老不死の薬を持っているという神仙《しんせん》思想がありました。始皇帝は天台烏薬《てんだいうやく》という不老不死の薬を求め、徐福を蓬萊《ほうらい》の国(日本)に派遣《はけん》した、ということです。

しかし、当然のことながら絶大な権力をにぎっていた始皇帝といえども、不老不死の目的

図4-2　兵馬俑

を果たすことはかないませんでした。彼の細胞《さいぼう》のテロメアやミトコンドリアも日々着実に短くなったり、劣《れっ》化《か》したりしていたのです。彼の死後を守るために作られた兵馬俑《へいばよう》(人や馬をかたどった副葬品《ふくそうひん》、図4-2)は八〇〇〇体にもおよぶことが知られています。

ところで、不老不死を達成している「生命体」がこの世には少なくとも二種類存在します。ひとつは卵子や精子のもととなる生殖《せいしょく》細胞で、いくら分裂《ぶんれつ》をくりかえしてもテロメアは短くなりません。生物個体は死ぬ運命にありますが、生殖細胞だけは死にゆく運命にある体を構成する細胞から離れて、受精卵を介して永久に生命をつなぎます。

では、生殖細胞ではなぜ細胞分裂にともなうDNA《ディーエヌエー》の複製で、テロメアが短くならないのでしょうか。それは、生殖細胞の持っているテロメラーゼという特殊《とくしゅ》な酵素《こうそ》により、テロメアの短縮が防止されるからです。一方、寿命に限りのある体細胞には、テロメラーゼの活性はないか、あっても弱いのです。

もうひとつの不死化細胞は、がん細胞です。がん細胞でもテロメラーゼにより、細胞分裂にともなうテロメアの短縮が防止されています。がん細胞はおそらく生殖細胞の不死化システムを借用し、それを悪用したのでしょう。

身《み》から出《で》た錆《さび》――活性酸素による老化

「身から出た錆」とは、自らが犯した悪行のために、自分に悪いことが起きて苦しむことのたとえです。刀に錆が生じたまま放置すれば、ひいては刀全体が腐食《ふしょく》してしまうことになぞらえていると考えられます。

「テロメア説」とならんで有力な老化の説である「ミトコンドリア説(活性酸素説)」は、「身から出た錆」を象徴《しょうちょう》するような内容を含んでいます。

生物進化の過程で、生物は酸素をうまく利用することで、炭水化物などを効率的に酸化し、大量のエネルギーを利用できるようになりました。このことで、生物は原核《げんかく》生物から真核《しんかく》生物、さらには多細胞生物への進化が可能になり、ついに大きな脳を持つ人類が生まれました(図7-14参照)。ヒトの脳は、重さでは体重の二%ほどにすぎませんが、全酸素消費の二〇%を占めるということです。

酸化反応はおもにミトコンドリアという細胞小器官でおこなわれます(図7-11B参照)。発電所では発電の代償《だいしょう》として、窒素《ちっそ》酸化物、硫黄《いおう》酸化物などの大気汚染《おせん》のもととなる公害物質がでます。ミトコンドリアでもエネルギー代謝の代償として、有害物質であるいろいろな種類の活性酸素が作られます。

活性酸素は非常に反応性にとんだ酸素原子を含んでおり、多くの物質を酸化する活性を持ちます。生体《せいたい》のＤＮＡ《ディーエヌエー》、タンパク質、脂質《ししつ》なども活性酸素により酸化されるのです。これらの生体成分は、鉄が酸化で錆びるのと同じように活性酸素により劣化《れっか》するのです。活性酸素はミトコンドリアという生体の発電施設《しせつ》で生じる一種の公害物質とみることもできます。

活性酸素は、いわば、遺伝子、タンパク質、脂肪《しぼう》といった生体物質を錆びさせるのです。たとえば遺伝子であるＤＮＡは酸化されると傷ついて変異を起こし、がん化の原因にもなります。

がんばかりでなく、糖尿病《とうにょうびょう》、白内障《はくないしょう》、パーキンソン病、アルツハイマー病、虚血性疾患《きょけつせいしっかん》、脳こうそく、肝炎《かんえん》など、老化にともなって起きるいろいろな疾患には、活性酸素が深く関与していると考えられるようになってきました。

なお、活性酸素は例外的に、白血球が病原菌と闘《たたか》う際の殺菌作用に役立つといったプラスの面も持っています。活性酸素にはいろいろな種類がありますが、過酸化水素もその仲間と考えられており、殺菌作用に役立っているのです。身近なところでは、殺菌に用いるオキシドールの主成分は過酸化水素です。

活性酸素はこのように有害なので、生体は活性酸素を失活《しっかつ》させるための酵素を持っています。また、抗酸化物質とよばれる活性酸素の活性を抑制《よくせい》する物質が植物などに豊富に含まれています。この点については、次のアンチエイジングのところで詳《くわ》しく述べます。

医食同源《いしょくどうげん》——アンチエイジングと食

紀元前一〇〇〇年の中国において「薬食《やくしょく》同源」という考え方が生まれました。薬と食物は源が同じという意味です。これがサプリメントの原型と考えられています。すなわち、サプリメントとは、医薬品と食品の性格をあわせ持ち、かつ原材料が食品であるということになります。

じつは「医食同源」は日本で作られた造語です。一九七二年に医師の新居裕久《あらいひろひさ》がＮＨＫの料理番組「きょうの料理」で発表し、この言葉はその後広く使われるようになりました。文字通りの意味は、医薬も食物も、もとは同じであるということです。

ところで、筆者は、テロメア、ミトコンドリア、そして活性酸素を老化にかかわる犯罪組織にみたて、テロメアを主犯、ミトコンドリアを共犯、そして活性酸素を実行犯にたとえたことがあります。つまり、アンチエイジングには、老化の実行犯である活性酸素を、抗酸化物質などで抑制《よくせい》することが効果的であろうと思われます。

活性酸素を抑制する抗酸化物質としては、ビタミンＣやＥ、あるいはポリフェノールなどの植物成分が考えられます。少し話はそれますが、我が家で飼っていた柴犬《しばいぬ》には、一四歳あまりで死ぬ直前まで、スーパーシニア用のエサを与えていました。このエサにはビタミンＣとＥ、β《ベータ》カロテンといった抗酸化物質が含まれていて、抗酸化物質をアンチエイジングに生かそうという発想がペットのエサにまでおよんでいることに驚《おどろ》きました。

話を戻《もど》しますが、抗酸化物質の由来はほとんどが植物です。植物は葉緑体で太陽光のエネルギーをデンプンのような炭水化物に変えてたくわえます。ですから、植物にとって太陽を浴びることは生きてゆくために必須《ひっす》です。

しかし、その際に困ったことが生じます。太陽光の強い紫外線《しがいせん》は活性酸素を大量に生じ、そのために植物に危害を与えるのです。そこで植物があみ出した戦術が、抗酸化物を大量に合成して活性酸素による害から守ることでした。葉や種子にビタミンCやE、あるいはポリフェノールなどの典型的な抗酸化物質を大量に含むのは、植物の知恵《ちえ》だったのです。

このように植物は抗酸化物質の宝庫であり、我々はアンチエイジングに植物の知恵を大いに活用しているということになります。

関連して、最近は「ファイトケミカル」という言葉が注目を集めています。健康によい影響《えいきょう》を与えることが期待される植物由来の化合物で、「植物栄養素」と訳されています。このなかには、古い例として、解熱《げねつ》や鎮痛《ちんつう》の作用がある薬アスピリンの開発につながったヤナギの樹皮の成分や、抗がん剤タキソールの原料となったセイヨウイチイの成分などが含まれます。

また、本書でこれまで紹介した、ビタミンEやポリフェノールなどの抗酸化物質も、当然ファイトケミカルに属します。

風《かぜ》が吹《ふ》けば桶屋《おけや》が儲《もう》かる——コーヒーがヒョウを絶滅《ぜつめつ》に追いやる？

思いもよらないところに影響《えいきょう》がおよぶことや、見込みのないことを期待するたとえです。風が激しく吹けば砂ぼこりがたち、眼を病む人が多くなります。そのために失明した人は生活のために三味線《しゃみせん》を習うことが多いので、三味線に使うネコの皮がたくさん入り用になります。そこでネコが殺され、ネコが減るとネズミが増え、その結果、桶がかじられるから桶屋が繁盛《はんじょう》する、という連鎖《れんさ》作用が生じる……ということです。

このことわざには、こじつけの面もあるのですが、生物界の現象には実際にこれ以上に複雑な連鎖現象が起きているのもめずらしくありません。

コーヒーは嗜好品《しこうひん》として多くの人に飲まれています。さらに、最近は、コーヒーには肝臓《かんぞう》がんの抑制《よくせい》効果があることが国立がん研究センターの研究により明らかにされています。詳《くわ》しいメカニズムは不明ですが、論文ではコーヒーに含まれている抗酸化物質の関与が議論されています。また、コーヒーに含まれている強い抗酸化物質によるアンチエイジング効果も期待されています。

このように結構ずくめのコーヒーではありますが、次に紹介するようなコーヒーに関する思ってもみないような報告もあります。それは、「日本の輸入、動植物に打撃《だげき》　食物・木材生産が影響　信州大分析」(日本経済新聞、二〇一七年二月二日電子版)と題する、次のような内容の新聞記事です。

「一杯《いっぱい》のコーヒーがアフリカのヒョウを絶滅の危機に追いやるかもしれない――。日本人が消費する食べ物や木材などの生産に伴い、世界各地で希少な動植物が減少しているとの分《ぶん》析《せき》結果を、信州大の金本圭一朗講師(環境経済学)らが二日までにまとめた。日本の輸入は七九二の絶滅危《き》惧《ぐ》種に影響を及ぼしていた。」

この分析によれば最大の原因は、コーヒー農園を開拓《かいたく》することで生じる森林の伐採《ばっさい》によって、野生生物たちの生息地《せいそくち》が圧迫《あっぱく》されていることだそうです。

「風が吹けば桶屋が儲かる」のようなこじつけではなく、「コーヒーがヒョウを絶滅に追いやる」ことは、あながち非科学的なことではなさそうです。

年寄《としよ》りは家《いえ》の宝《たから》――おばあちゃん効果

このことわざの意は、長い人生を生きぬいた高齢者は経験豊富で、なんでもよく知ってい

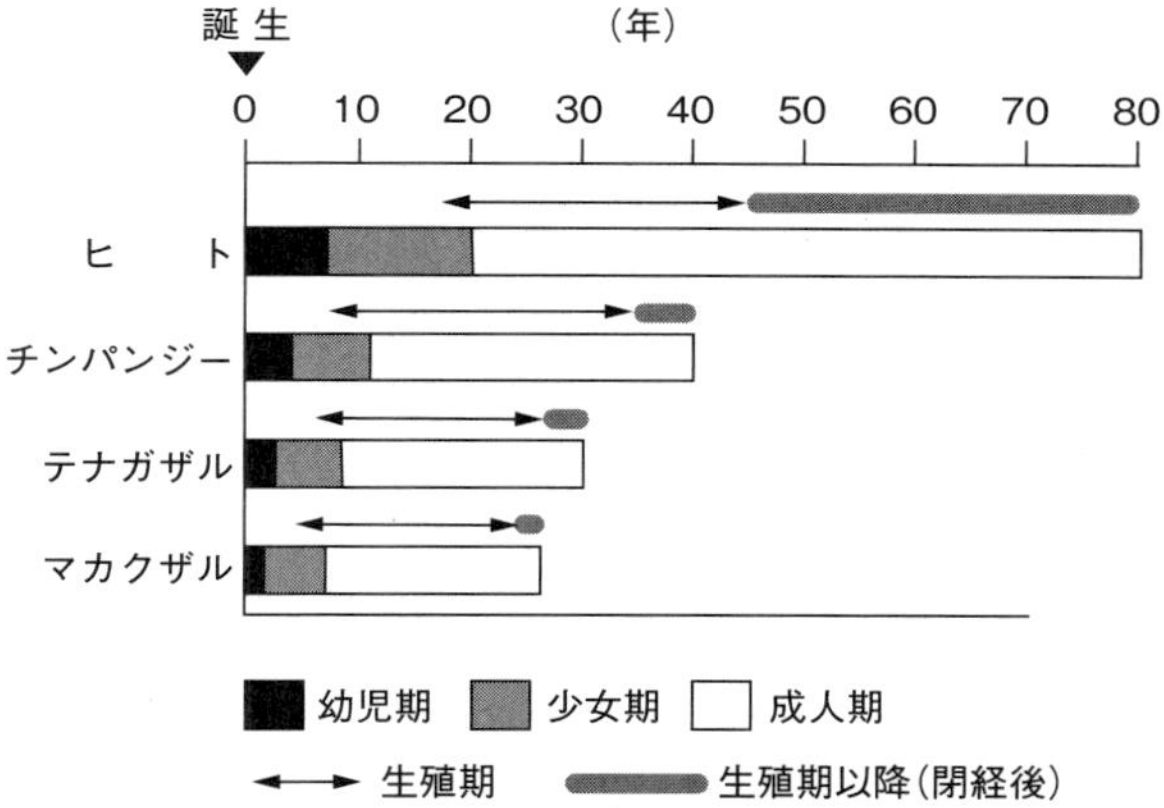

図 4-3　霊長類(メス)の生殖期以降の期間

るから、家の宝として大事にしなければならないということです。次に述べますように、このことを科学的に証明した研究があります。

　ヒトの場合は、女性の生理がなくなる四五〜五〇歳までを生殖期《せいしょくき》とすると、現在では女性の平均寿命《じゅみょう》が九〇歳に近づいていますので、生殖期以降の期間は四〇年あまりになるわけです。チンパンジーのような霊長類《れいちょうるい》でもこの期間は五年ていどで、ヒトに比べればはるかに短いのです(図4-3)。

　人類は生物のなかでも例外的に非常に長い生殖期以降の期間、すなわち、おじいちゃん、おばあちゃんの期間を過ごすことになります。高齢化社会では、この長い期間をいかに有意義に過ごすかということが、大きな課題となっています。

では、ヒトの生殖期以降の期間が長いのはなぜでしょうか？　これまでは、生殖期以降の期間は生殖には無関係なので、長寿だからといってその遺伝子が子孫に伝わり、進化の過程でこのような長寿の遺伝子が選択《せんたく》されることはないと考えられてきました。

しかし、ユタ大学の人類学者クリステン・ホークスらはこの見解に対して次のように反論しました。

ヒトの子どもは未熟に生まれ、無事育つには親の助けが必要です。食物を探したりするためにいそがしい母親にとっては、おばあちゃんが子育てを助けることは、たいへんありがたいことです。万一、母親が死んでしまっても、おばあちゃんがいれば子どもは生きのびることができるでしょう。したがって、長寿の遺伝子は進化の過程で子孫に引《ひ》き継《つ》がれる可能性があるということになります。

ホークスらはこのような効果を「grandmothering」と名付けましたが、筆者らはそれを著書『老化と遺伝子』で、「おばあちゃん効果」と訳しました。

現在の少子高齢化社会に当てはめると、「おばあちゃん効果」はよく理解できます。教育程度も高くなった現代の母親にとっては、育児と職業を両立させることが非常に大きな課題で、そのために保育園や育児所の充実《じゅうじつ》が必要です。しかし、実際にはその不足が大きな社会問題になっています。

もし、おばあちゃんが育児を手伝ってくれれば、母親は安心して外で働けるし、二人目、三人目の子どもを持つゆとりもできます。このように、少子高齢化の現代社会にとっては、「おばあちゃん効果」は大きな力を発揮することが期待されています。

おばあちゃんばかりでなく、おじいちゃんも長生きして、孫の教育などに貢献《こうけん》することも、同様に考えられます。

獅子《しし》身中《しんちゅう》の虫《むし》――がん

このことわざの意としては、仏につかえる身でありながら仏法に害をなすもの、内部から災いを引き起こすもの、恩に対してあだでかえすこと、の三つが挙げられます。一般には二番目の、「内部から災いを引き起こす」の意に使われていることが多いのではないでしょうか。

生物にとって「獅子身中の虫」であるがんについて、詳《くわ》しく見てみましょう。

自分の細胞《さいぼう》ががん細胞に

がんは日本人の死亡原因の一位で、二人に一人はがんになります。私たちの体は約三七兆個の細胞から構成されていると考えられていますが、がん細胞はこの膨大《ぼうだい》な数の体細胞の一部が変化して生じます。がんはこのように身内から生じるので、「獅子身中の虫」とよぶのにふさわしいのです。

すでに述べましたように、病原体のように外からやってくる侵入者《しんにゅうしゃ》の場合には体の免疫《めんえき》機構が容易に識別し、排除《はいじょ》しやすく、ワクチンによる予防も効果的です。加えて、細菌性《さいきんせい》の病原体は代謝機構が私たちの体と大きく違うので、それを利用して、ペニシリンのような抗生《こうせい》物質や抗菌剤で排除することも比較的《ひかくてき》容易です。

しかし、自らの体の細胞が変化したがん細胞では、様相がまったく異なります。がんと正常細胞の間には、免疫で認識される抗原でみるとわずかな差しかありませんし、代謝の面でもあまり違いはありません。

このような事情から、有効な抗がん剤やワクチンの開発が困難なのです。ウイルスや細菌のような病原体はいわば敵国の正規軍のようなもので、簡単に識別できますが、これに対して身内から生じるがんは、民衆にまぎれこんだゲリラ兵に似ており、あつかいが難しいのです。

がん化のメカニズム

では、がんはどのようにしてできるのでしょうか？　発がんのメカニズムに関しては、膨大な研究がなされてきました。そのなかで、筆者の研究も含めてその研究の流れの一端《いったん》を紹介しましょう。

発がんのメカニズムに関して二〇一五年、がんの多段階説で有名なB・ヴォーゲルシュタインらが注目すべき発表をしました。がんの出現頻度《ひんど》は組織のタイプにより大差があり、このことは一〇〇年以上も前から知られていましたが、その理由は謎《なぞ》でした。この発表では、この謎に対する一つの解答を示しました。それは、組織で新しい細胞の供給に関与する幹細《かんさい》胞《ぼう》がカギをにぎっていることでした。

幹細胞とは、新陳代謝《しんちんたいしゃ》で新たな細胞を供給する際、もとになる細胞で、樹木でたとえれば幹《みき》にあたり、このような名前がつけられています。幹細胞の特色は、細胞分裂《ぶんれつ》に際しては、二つの異なる娘細胞《じょうさいぼう》を作ること、すなわち、不等分裂《ふとうぶんれつ》をおこなうことです。

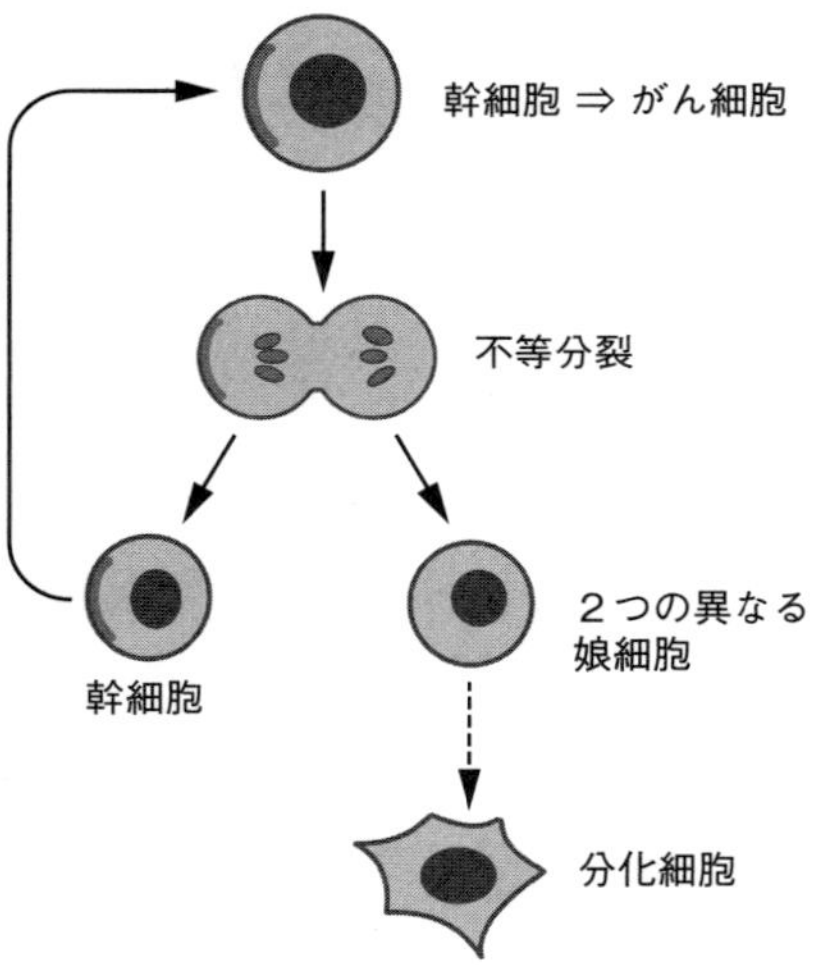

図4-4　幹細胞と不等分裂

娘細胞のうちひとつは、幹細胞を維持《いじ》するために、再び幹細胞になります。もうひとつは、組織に特有な細胞に分化(細胞分裂をくりかえすことで、しだいに異なった性質を持つものに分かれていくこと)するための娘細胞です。後者の娘細胞は、分化して組織・器官を構築します(図4-4)。

B・ヴォーゲルシュタインらは、がん化するのは活発に増殖《ぞうしょく》する幹細胞で、細胞分裂の過程に起きる不幸なエラー(bad luck)のためではないかと主張したのです。

そこで、筆者は従来から提唱していたテロメアクライシス(後述)を介した発がんメカニズムに、この考えを統合した想定図(図4-5)を作りました。

新陳代謝の激しい組織では、幹細胞は、活発に増殖していますが、無制限に増えることは

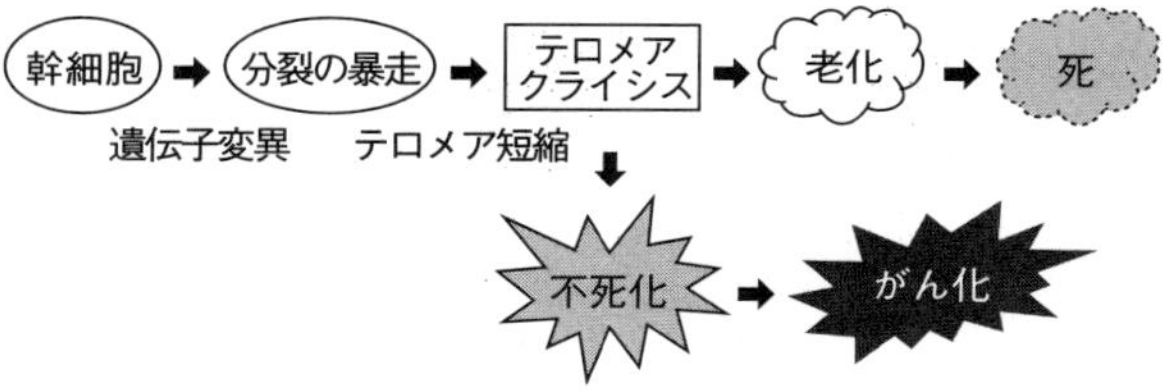

図 4-5　テロメアクライシスを介したがん化の過程

なく一定の均衡《きんこう》が保たれています。それは、細胞分裂を促進《そくしん》するアクセルと、抑制《よくせい》するブレーキの役割が正常に働いているからです。ヴォーゲルシュタインの提唱する幹細胞のエラーが、アクセルおよびブレーキを制御する遺伝子に起きると幹細胞は暴走を始め、その後、彼が提唱したように多段階のステップを踏《ふ》んでがん化にいたります。

幹細胞の暴走の原因には、遺伝子変異、すなわち複製の際のエラーや、活性酸素、放射線、紫外線《しがいせん》、腫瘍《しゅよう》ウイルス、発がん物質などによるDNA《ディーエヌエー》の変異も含まれます。

正常細胞では、細胞分裂によりテロメアが短くなって、すでに述べたように五〇〇〇塩基対のヘイフリックの限界に近づくと細胞分裂は止まります。しかし、遺伝子変異を起こして暴走を始めた細胞は、このヘイフリックの限界を超えて細胞分裂を継続《けいぞく》します。

そうするとテロメアのさらなる短縮により、「テロメアクライシス」という状態になるのです。この状態は、文字通りテロメアの危機的状態であり、染色体同士がくっついたりして染色体異常を生じます。

テロメアクライシスになると、多くの細胞はアポトーシスにより死にます。しかし、いわばこのどさくさにまぎれて生じた染色体異常にともなう遺伝子変異などをうまく利用して一部の細胞は生き残り、永久に増殖できる能力を獲得《かくとく》した不死化細胞になります。不死化細胞は、さらに転移能《てんいのう》などを獲得して、悪性がん細胞へと変化します。

京都大学教授の石川冬木《ふゆき》は、白血病細胞のがん化を研究する過程で、このテロメアクライシスを介した不死化のモデルを提唱しました。一方、筆者らはエプシュタイン・バール・ウイルス（EBV）という腫瘍ウイルスにより細胞分裂の暴走が開始されたBリンパ球のモデルで、がん化の過程を調べました。その結果、このBリンパ球はやはりテロメアクライシスを介して不死化し、さらにがん化の道をたどることがわかりました。

このようなテロメアクライシスを介して生じたがん細胞では、テロメアが極端《きょくたん》に短くなっていますが、テロメアの短縮を防止する能力を持つ酵素であるテロメラーゼ活性が誘導《ゆうどう》されて、短いながらテロメアの長さは維持され、不死化した状態になるのです。

白血病細胞やBリンパ球以外の上皮性細胞のがん細胞でもテロメアは極端に短くなっている場合が多く報告され、これらのがん細胞でもテロメアクライシスを介してがん化している

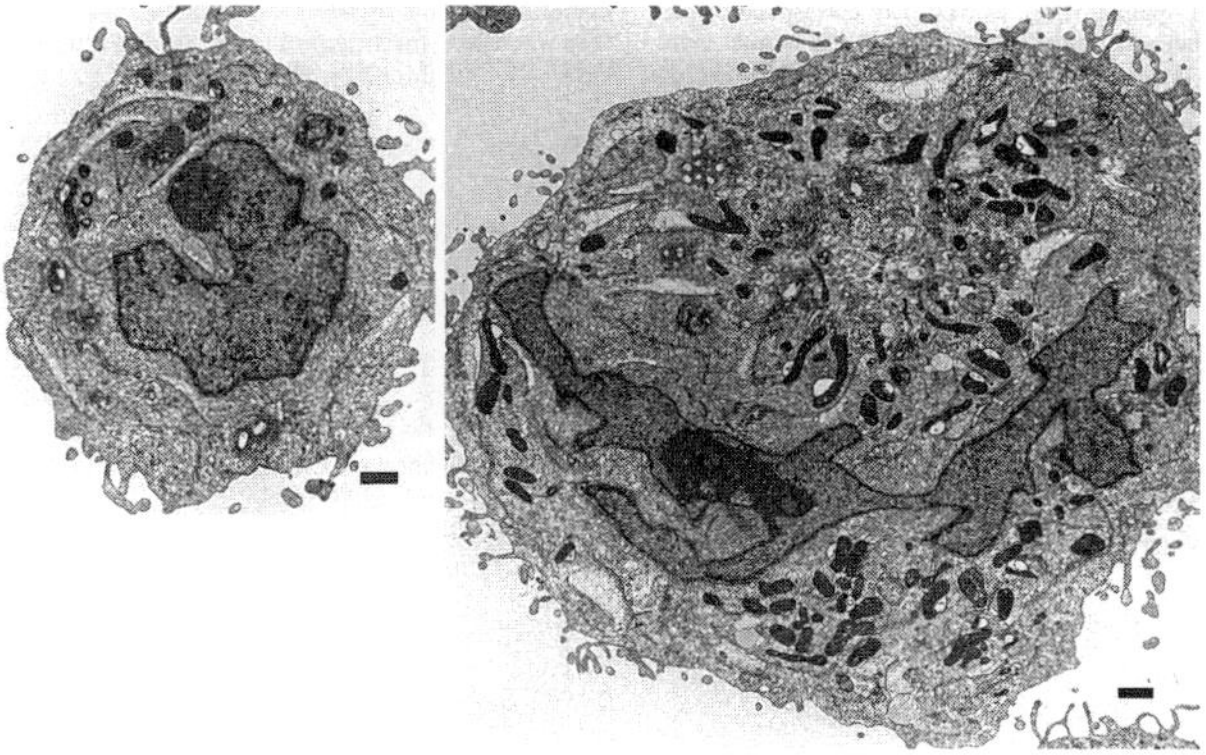

図4-6　がん化前後のBリンパ球。がん化前に小さくまとまっている核(左)が、がん化後は大きくくびれ、細胞は肥大化し(右)、免疫不全マウスに生着できるようになる。右下の棒線は1000分の1mmの長さを示す。

可能性があります。

図4-6に示すように、がん化前後でBリンパ球は顕著《けんちょ》な形態変化をします。これは電子顕微鏡《けんびきょう》写真ですが、がん細胞であるかそうでないかの判断は、病織学者が患者《かんじゃ》の患部の細胞を光学顕微鏡で観察し、核《かく》や細胞質の様子で判断を下すのが一般的です。

なお、がんの一部には、図4-5に示したようなルートをたどらないで、近道のルートでがん化する場合も少なくありません。

たとえば、ウェルナー症候群という遺伝子変異でおきる早老症《そうろうしょう》では、四〇歳以前の若いうちからがんにかかりやすくなります。また、若年性の乳がんも先天性の遺伝子変異による場合があるといわれています。

なぜ歳を取るとがんになりやすくなるのか

図4-5のテロメアクライシスを介した発がんには、二つの特色があります。一つ目は多段階のステップを踏《ふ》むということ、二つ目は、遺伝子変異による細胞の暴走が始まってから、細胞が不死化・がん化するまでに長時間を要することです。「ローマは一日にしてならず」ということわざになぞらえれば、「がんは一日にしてならず」なのです。

たとえば、アスベスト(石綿《いしわた》)は建材の原料として広く使われましたが、一九七五年には、壁《かべ》のふきつけに使用することが禁止され、二〇〇六年からは使用自体が原則禁止となりました。その最大の理由は、強い発がん性でした。アスベストは体内で大量の活性酸素を誘導《ゆうどう》し、それを介して遺伝子変異を起こし、細胞の暴走の引き金を引いて、やがて中皮腫《ちゅうひしゅ》などのがんの原因になります。

しかし、アスベストを吸ってから中皮腫が発生するまでには、二五年から五〇年程度(平均四〇年ほど)かかります。アスベストに限らず、何らかの原因で遺伝子に傷がついてから発がんにいたるまでには、長い時間を要します。

高齢者の発がんのきっかけになる遺伝子変異は、三〇代、四〇代、場合によると二〇代にすでに引き起こされていた可能性がありますが、多くのがんは六〇歳を過ぎた頃から出現します。それは、図４-５に示したように、テロメアクライシスを介した発がんにいたるまでにテロメアが短縮するために時間を要し、加えて、さらなる悪性化にも時間を要するからだと思われます。

第5章　十人十色《じゅうにんといろ》

――生物多様性と生殖《せいしょく》・性

生物の多様性は、生物の持つ特性の最たるもののひとつです。昆虫《こんちゅう》、藻類《そうるい》、苔類《たいるい》、植物、菌類《きんるい》、魚介類、動物、ヒトなど、地球上はじつにいろいろなタイプの生物たちであふれています。

生物の多様化には、それなりの生物学的理由があります。この章では、なぜ多様化するのか、その生物学的な意味について考えてみます。また、多様化のメカニズムについて紹介しますが、その原動力になっているのは、雌雄《しゆう》に分かれていて、有性生殖をおこなうことにあります。関連して、最後に、性と生殖の問題を取り上げます。

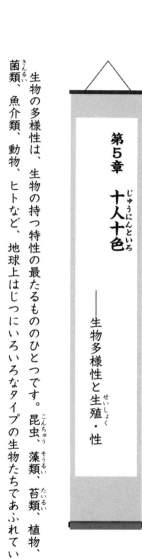

◯十人十色《じゅうにんといろ》――生物の多様性

この成句《せいく》の意は、『広辞苑《こうじえん》』によれば、人の好むところ・思うところ・なりふりなどが一人一人みな違《ちが》っていることです。

多様性は、同じ生物種のなかの個体にも存在します。この個体の多様性は、人類を例にとってみればよく理解できます。ホモ・サピエンスという現生人類のなかにも、いろいろな人種が存在します。また、同じ人種であっても、人々の個体差はこれまた多様です。

安全弁としての多様性

まず、HLA抗原《こうげん》が多様であったことが、人類を疫病《えきびょう》による絶滅《ぜつめつ》から救う「安全弁」としての役割を果たしたことから話を始めます。

私たちの体は自己・非自己(自他)の標識であるHLA《エイチエルエー》抗原(一般名《いっぱんめい》はMHC《エムエイチシー》抗原)を持っていて、この抗原は、T細胞《さいぼう》が抗原を認識《にんしき》する際にも大切な役割をすることは、第3章ですでにのべました。

HLAは自己・非自己の標識となるので、多型《たけい》、すなわち個人によって型が異なることが大きな特徴《とくちょう》です。ですから、異なるＨＬＡの人からの臓器を移植されると、拒絶《きょぜつ》反応が起きます。そこで、臓器移植に際しては、ＨＬＡが同じか、あるいはなるべく近い型の人の臓器を移植してもらう必要があるのです。

このように、ＨＬＡの多型は、医療面《いりょうめん》ではデメリットにもなりますが、これまで疫病から人類を救ってきた「安全弁」の役割を果たしてきました。

たとえば、天然痘《てんねんとう》ウイルスの認識に対しては、多くの型のＨＬＡ抗原はＴ細胞認識における効率が十分でなく、このような型の人は死ぬ可能性が高かったのです。しかし、特定の型のＨＬＡを持っている人は、天然痘ウイルスを効率よく認識できて、生き残ることができました。

一方、天然痘ウイルスに強いＨＬＡの型を持った人がペスト菌《きん》に強いとは限りません。むしろ、別のＨＬＡの型の人の方がペスト菌に強い可能性が高いのです。

このようなわけで、いろいろな型のＨＬＡを持った人がいることは、人類全体としては、多種類の感染症《かんせんしょう》から生き残るうえで好都合だったのです。

多様性の範囲《はんい》を、生物全体にまで広げてみましょう。後述しますが、地球上では、生物の大量絶滅を何度も経験してきました。しかし、そのたびに一部の生物はしたたかに生き残ってきました。恐竜《きょうりゅう》が絶滅しても、我々の祖先である哺乳《ほにゅう》動物の一部は生きのびたのです。ですから、地球上の生物は、多様性によって今日まで繁栄《はんえい》することができたのです。

いま、地球上には八七〇万種以上の生物が存在するという論文が二〇一一年八月二三日号の、アメリカのオンライン科学誌「プロス・バイオロジー」に掲載《けいさい》されました。これまでの全体数の推定は、三〇〇万～一億種と大きな開きがありましたので、推定の幅《はば》はかなりせばまってきました。ですが、実際に発見・分類されている生物種は、このなかの半分にも遠くおよばないということです。

以下、生物の多様性にかかわる他のことわざ・成句《せいく》を紹介しながら、多様性の生物学的意義をさらに考えてみたいと思います。

東男《あずまおとこ》に京女《きょうおんな》――近親婚はタブー

男は関東、女は京都の出身がよいということで、粋《いき》で元気な江戸《えど》っ子に、優美な京の女を取り合わせた言葉です。

地域がはなれている者同士は遺伝的にも違《ちが》いが大きくなる可能性が高いので、東男と京女の結婚は、遺伝学的にも好ましいかもしれません。逆に身近なもの同士の近親婚はタブーになっている民族は多いのです。それは、遺伝的に近いもの同士から生まれた子どもは、欠陥《けっかん》のある遺伝子が重なって遺伝病が発現する可能性が高くなるからです。おそらく長い間の経験から、このようなタブーが生まれたのでしょう。

日本では、親子、兄妹・姉弟、おじ・姪《めい》、おば・甥《おい》などとの三親等以内の結婚が民法で禁じられています。では、四親等にあたるいとこどうしの結婚なら問題がないかというと、法律上は問題ないのですが、生物学的には必ずしもそうとはいえません。次に、近親婚にともなう遺伝病の例を紹介します。

筆者が長らく研究していたウェルナー症候群という早く老化する劣性《れっせい》遺伝病(早老症《そうろうしょう》)では、患者《かんじゃ》の多くはいとこ同士といった近親婚で生まれた人たちです。劣性遺伝病というのは、両親の両方から欠陥遺伝子を受《う》け継《つ》がないと病気が発症しない遺伝病のことです。いとこ同士では、このような遺伝病の頻度《ひんど》が高まるのです。

これに対して、両親いずれか片方から受け継いだ欠陥遺伝子のみで病気になるのは、優性遺伝病とよばれます。なお、劣性遺伝と優性遺伝については、後述するメンデルのエンドウ豆の実験を参照ください。

図 5-1　コアラとユーカリ

蓼《たで》食《く》う虫《むし》も好《す》き好《す》き——救い

人によって好みとするものは違《ちが》っていて、人それぞれだというたとえ。蓼は茎《くき》や葉に辛味《からみ》の成分があります。甘い花の蜜《みつ》にいろいろな虫が寄ってくるのは理解できますが、なかには辛い蓼を食う虫もいる、というように、人の好みも千差万別である例に引いているのです。

オーストラリアに棲息《せいそく》するコアラは、ほかの生物が食べない毒のあるユーカリの葉を食べて生きのびてきました(図5-1)。これは、他の動物と食物を争う必要がなかったという点で有利でした。

ではなぜコアラがユーカリを食べられたかというと、盲腸《もうちょう》で発酵《はっこう》させることでユーカリの毒素を分解し、消化・吸収することができるからです。盲腸の長さは二メートルにもおよびます。盲腸にはユーカリを分解できる微生物《びせいぶつ》が存在しますが、この微生物は離乳《りにゅう》の際に母親

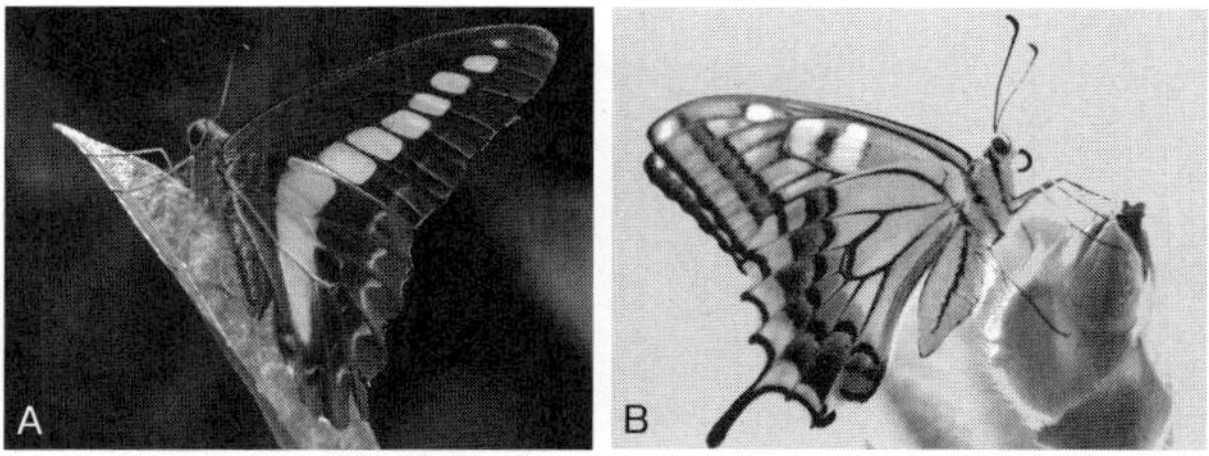

図 5-2
A：アオスジアゲハ
B：キアゲハ
C：ナミアゲハ

から子どもに、パップという母親の排《はい》せつ物《ぶつ》を介して伝わります。

また、チョウは種類によって、幼虫時代に食べる植物が異なります。たとえば、アオスジアゲハはクスノキ科、キアゲハはセリ科、ナミアゲハはミカン科、といった具合です(図5-2)。このようにして食物の競合を回避《かいひ》しているようで、「蓼食う虫も好き好き」の生物学的な背景がここにもあります。

英雄色《えいゆういろ》を好《この》む——チンギス・ハンの子孫

英雄とよばれる人物は何事にも精力的で、人一倍女性も好むものだということ。

動物界では一匹のオスがメスを独占する、いわゆる一夫多妻型のハーレムを作ることはめずらしくなく、ライオン、オットセイ、ゾウアザラシ、ゴリラなどにも見られます。中東のアラブの王様や、日本でも江戸《えど》時代の大奥などに似たような例が見られます。

チンギス・ハン(一一六二年頃～一二二七年、図5-3)は、大小さまざまな集団に分かれていたモンゴルの遊牧民諸部族を統一し、モンゴル帝国の初代の皇帝(在位一二〇六～一二七年)に就き、最終的には世界人口の半分以上を統治する人類史上最大の世界帝国を築きました。その領域は、中国北部、中央アジア、イラン、東ヨーロッパにおよびました。

図5-3　チンギス・ハン(中央)

彼や彼の親族は支配地域で多くの女性と結ばれ、たくさんの子どもを残していたとしても、不思議ではありません。これを裏付ける、次のような二つの研究がなされています。

二〇〇四年に、オックスフォード大学の遺伝学研究チームは、遺伝子解析《かいせき》の結果、チンギス・ハンが世界中で最も子孫を多く残したという結論に達しました。モンゴルから中国北部にかけての男性の八%、およそ一三〇〇万人から、共通するY染色体が検出されたということです。現在までにこのY染色体を引《ひ》き継《つ》いでいる人、すなわち男系の子孫は一六〇〇万人にのぼるとされ、このY染色体はチンギス・ハンに由来すると推定されたのです。

また、大手の遺伝子研究所であるケンブリッジサンガー研究所は、アジア人の起源について研究しました。その結果、対象サンプルの多くがある同一家系に属することがわかりました。

対象の八%の遺伝子では、遺伝子の標識であるマイクロサテライトが同一でした。マイクロサテライトとは短いDNA《ディーエヌエー》配列のくりかえしですが、そのくりかえしの数が人によって異なり、この数が個々の人の遺伝子標識となるのです。

彼らには同じDNAを持つ共通の祖先がいること、その祖先は約一〇〇〇年前に出現し、その祖先とはチンギス・ハンである可能性が高いということなのです。

事実《じじつ》は小説《しょうせつ》より奇《き》なり――利己的な遺伝子

この世界で実際に起きる出来事は、作り話である小説よりも複雑で不思議であるという意味です。生物の世界は、動物の行動から分子生物学の世界にいたるまで、じつに「小説より奇なり」です。

行動生物学者のリチャード・ドーキンスが書いた、『利己的な遺伝子』(日高敏隆他訳、紀伊國屋書店、一九九一年)という本の、一九七六年版のまえがきの一節を紹介しましょう。

いささか陳腐《ちんぷ》かもしれないが、「小説よりも奇なり」ということばは、私が真実について感じていることをまさに正確に表現している。われわれは生存機械――遺伝子という名の利己的な分子を保存するべく盲目《もうもく》的にプログラムされたロボット機械なのだ。この事実に私は今なおただ驚《おどろ》きつづけている。私は何年も前からこのことを知っていたが、到底《とうてい》それに完全に慣れてしまえそうにはない。私の願いの一つは、他の人たちをなんとかして驚かせてみることである。

ドーキンスの利己的な遺伝子説では、種のなかで占める自己の遺伝子の割合を増やすことを最優先するのが遺伝子の目的であり、個体はその目的のために遺伝子を運ぶ生存機械にすぎないとしています。たとえばミツバチは、女王バチを守るためには己の身を犠牲《ぎせい》にして、種としての遺伝子を守ります。

個体が自らの遺伝子の指令に従って子孫を増やすための生存機械だったとすれば、先ほどのチンギス・ハンなどは、とりわけ優秀《ゆうしゅう》な生存機械だったということになります。

遠《とお》くて近《ちか》きは男女《だんじょ》の仲《なか》——性フェロモン

男と女は遠く離《はな》れているように見えても、意外と結びつきやすいということ。

「フェロモン」とは、動物の組織で生産され、体外に分泌《ぶんぴつ》され、空中を介して同種の他個体に作用をおよぼし、特有な行動や発育分化を起こさせる活性物質の総称《そうしょう》です。

なかでも性フェロモンは、成熟して交尾《こうび》が可能なことをほかの個体に知らせる役割を果たします。ガのメスがオスを誘引《ゆういん》するさまが、一〇〇年以上前に記されたファーブルの『昆《こん》虫《ちゅう》記』にも紹介されていて、フェロモンの存在は当時から予測されていました。

カイコでは性フェロモン(ボンビコール)が化学的に取り出され、その化学構造も解明されています。マウスでも性フェロモンの研究がなされています。

東京大学と熊本《くまもと》大学のグループは、マウスのオスの涙腺《るいせん》から分泌されるESP1《イーエスピーワン》という性フェロモンを単離し、その化学構造を決めました。メスはこのフェロモンを鼻の下にある鋤《じょ》鼻《び》器官で感知して、オスの交尾を受け入れるようになるとのことです。

では、ヒトにも性フェロモンはあるのでしょうか？　この点に関しては、イギリスのノースウンブリア大学のニック・ニーブ博士の研究を紹介しましょう。

三二人の女性被験者《ひけんしゃ》に、あらかじめ数人の男性の絵や写真を見せて魅力《みりょく》のランク付けをしてもらいました。ついで、これら男性のわきの下からでるフェロモンを女性にかがせて、二週間後に魅力の再ランク付けをしてもらいます。そうすると、すべての女性被験者は、フェロモンの由来した男性に、前よりも高いランク付けをしたというのです。

これについてニーブ博士は、「人間のわきの下からでる化学物質は無臭《むしゅう》だが、動物におけるフェロモンのように、人々が知らないうちに他人に影響《えいきょう》を与えている」と述べています。

フェロモンではありませんが、香水はときとして、女性の妖艶《ようえん》な雰囲気《ふんいき》をかもし出すのに役立っているので、人工的な性フェロモンといえるかもしれません。

距離《きょり》をおいた男女も、意外と性フェロモンによって引きつけあっているのかもしれません。

◯親《おや》はなくとも子《こ》は育《そだ》つ——生物による子育ての違《ちが》い

親が死んでも、子どもはどうにか生きてゆけること。または、世渡りは案ずるほどには困難なものではないというたとえ。

では、生物界の親子の関係はどうでしょうか？　卵で子どもを産む多くの生物は、子が孵《ふ》化《か》して生まれるときには親はいません。サケのような魚類では、親は卵を産み終えると間もなく死ぬ運命にあるものも少なくありません。ウミガメは卵を浜に産むと去っていき、生まれた子ガメは自力で海へと向かいます。

一方で、鳥であればその多くは、親がヒナにエサを与えて巣立ちまで見守ります。哺《ほ》乳《にゅう》動物ならば、母親は胎児《たいじ》を子宮内で育て、胎盤《たいばん》を通して栄養や酸素を供給し、生まれた子どもは授乳して育てます。生物のなかでも最も未熟に生まれるヒトも、幼少の時代は世話をしてくれる人がいることが、生存のために不可欠です。

ただ、人の場合は、実の親に育てられなかったり、両親がそろっていなかったりしても、子どもは立派に育ちます。筆者は太平洋戦争のさなかに生まれたので、同級生には戦争で親を亡くした友人もめずらしくはありませんでした。大変な苦労があったはずですが、多くは立派に成人しました。

社会的にも成功をとげた人々のなかには、親を亡くした人が意外なほど多く含まれます。苦労することでかえって大人物になる場合も少なくないと考えられます。そういう意味では、「親はなくとも子は育つ」のです。

「かわいい子には旅をさせよ」あるいは「若いときの苦労は買ってもせよ」といったことわざには、同じような真理が含まれています。

鼠《ねずみ》の子《こ》算用《さんよう》——多産多死と少産少死

たくさん子どもを産むネズミになぞらえて、際限なく増え広まっていくことのたとえです。「鼠算」や「鼠算式に増える」といった言葉でも表されています。

ネズミのような弱い動物は生んだ子がすべて育つわけではなく、子どものうちに他の動物に食べられたりして死んでしまう個体も少なくありません。

そこで考えられるのが、なるべく多くの子を効率よく産み、そのなかで生き残る子が少しでも多くなるのに期待をかけることです。ネズミのような多産多死の生物はその代償《だいしょう》として個体の寿命《じゅみょう》は短く、たとえばハツカネズミ（マウス）の寿命は通常三年以下です。

多産系の動物では、淘汰《とうた》されて死ぬ個体が減少すると、個体数が爆発的《ばくはつてき》に増えてしまって生態系《せいたいけい》が乱れます。それによる害は、エサのうばいあいなど、結局自分にもはねかえってきます。ですから、多産系の動物が適当な数に減ることは、種全体にとって好ましいことになります。

マウスが一度に産む子の数は一〇匹以上で、生まれた子は生後四〇～五〇日ほどで妊娠《にんしん》可能になり、妊娠期間は「二十日《はつか》ネズミ」の名のとおり、二〇日程度と短いのです。このように、すべての条件が多産に都合よくできています。

対照的なのは、少産少死のヒトです。一度に産む子どもの数はたいてい一人で、一三年以上かけてやっと生殖《せいしょく》年齢に達し、妊娠期間も「十月十日《とつきとおか》」といわれるように一〇か月ほどもあります。やっと生まれても未熟な状態《じょうたい》で、その後も長い保育が必要です。

それでもヒトの場合は生き残って成人する確率は高く、今や世界の人口は七〇億人に達しています。ヒトは少産少死の戦略を選択《せんたく》して成功しました。少産少死のヒトの場合はネズミと違《ちが》って個体の寿命が長く、最長で一二〇歳ほどまで生きることが可能です。

では、マウスは意図的に個体の短命化を図っているのでしょうか？　答えはその通りです。

寿命や老化に影響《えいきょう》を与える要因についてはすでに詳《くわ》しく述べましたが、マウスの寿命が短い理由を簡単に説明します。

細胞《さいぼう》は分裂《ぶんれつ》するたびにDNA《ディーエヌエー》を複製しますが、そのたびにエラーが起き、DNAに傷が生じます。また、放射線や紫外線《しがいせん》などの外部からの物理的な要因、あるいは生体内《せいたいない》で生じる活性酸素によってもDNAに傷ができます。

これらの傷は、細胞の持っている多様な修復機能によって修復されますが、修復されないと細胞は分裂能を失ってやがて老化するか、あるいはがん化して個体を死に導きます。マウスに限らず動物の細胞の寿命に深くかかわっているのは、このような修復機能であると考えられているのです。

筆者は、ヒトが早く老化するウェルナー症候群という遺伝的早老症《そうろうしょう》を研究してきましたが、この病気では、WRN《ダブリューアールエヌ》というDNAの修復に関与する酵素《こうそ》(WRNヘリカーゼ)に欠陥《けっかん》があるために老化が早まることがわかっています。

正常なヒトではこのWRNヘリカーゼは成人の体細胞でもたくさん発現していますが、マウスでは、生まれて間もない時期を除き、体細胞にはほとんど発現していません。似たような修復に関与するほかの酵素も、マウスの体細胞ではあまり発現していないことがわかっています。

二種類の近縁《きんえん》のネズミのなかまである *Mus. musculus* と *Peromyscus leucopus* で、興味深い研究がなされています。両者は、寿命が三倍も違うのです。長命な後者の方は短命な前者に比べて、紫外線によるＤＮＡの傷害を修復する機能が強かったのです。ですから両者の寿命の違いは、この機能の違いによる可能性があります。

一方、卵子や精子などの生殖細胞では、多くの修復酵素がたくさん発現しています。すなわち、マウスはこのような修復酵素の遺伝子を持っているのに、体細胞でのその発現を制限しており、その大量の発現はもっぱら生殖細胞に限定しているのです。その結果、マウスでは生殖能力は保証されているが、個体としての寿命は短く設定されていると考えることができるのです。

第6章　蛙《かえる》の子は蛙

——遺伝か環境《かんきょう》か

一九世紀のイギリスの生物学者、チャールズ・ダーウィンが発表した生物の進化論(後述)は、生物が進化するうえで重要な二つの要素として、遺伝と環境を示しています。

身近な話である教育においても、遺伝と環境がともに大きな影響《えいきょう》を与えることがわかっていますし、ことわざにも、遺伝と環境の影響を取り上げたものがかなりあります。それらを通じて、両者がそれぞれどのように私たち人間をはじめとする生物に影響しているのか、具体的に考えてみたいと思います。

蛙《かえる》の子《こ》は蛙《かえる》——遺伝か環境か

このことわざは、「凡人《ぼんじん》の親からは、やはり平凡な子が生まれる」ということ、および

図6-1　メンデルとエンドウ豆をあしらった切手

「親子は似る」ということです。類似《るいじ》したことわざに、「瓜《うり》のつるに茄子《なすび》はならぬ」、「血《ち》は水《みず》よりも濃《こ》し」などがあります。これらのことわざには、人類が早い時期から「遺伝」という現象を直感していたことがうかがえます。

遺伝学の祖と考えられているオーストリアの修道士で遺伝研究家のグレゴール・ヨハン・メンデル（一八二二～八四年、図6-1）は、エンドウ豆の研究により、遺伝形質は遺伝粒子《りゅうし》（現在の遺伝子）によって受《う》け継《つ》がれるという説を一八六五年に提唱しました。それが有名な、メンデルの法則です。

その研究の一端《いったん》を図6-2で説明します。エンドウ豆には丸いものとシワがあるものがあります。両者をかけ合わせた第一世代は、すべてが丸い豆を作りました（図6-2左）。

すなわち、丸い遺伝形質を決める因子（A）はシワの形質を決める因子（a）より優先します。このように優先的に現れる遺伝を「優性《ゆうせい》遺伝」といい、これに対してシワのように第一世代では形質が現れない仕方で遺伝するのを、「劣性《れっせい》遺伝」といいます（「優性・劣性」とは、表

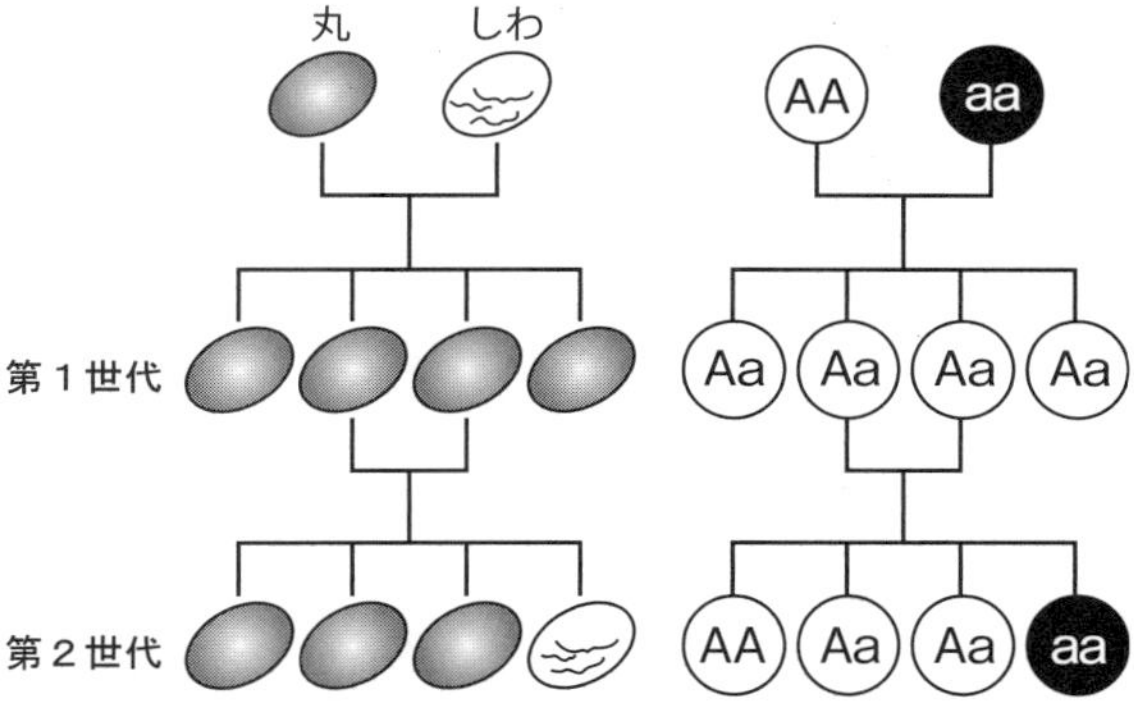

図6-2　メンデルによるエンドウ豆の交配実験。左が交配実験の結果、右がその説明。右図Ａは優性因子、ａは劣性因子を表す。

面に現れやすいかどうかをさす言葉で、「優れている・劣っている」という意味ではありません。誤解を招きやすいので、優性を顕性《けんせい》に、劣性を潜性《せんせい》に言いかえようという提案が、日本遺伝学会からも出されています）。

第一世代の丸い豆には、実際にはＡ（丸い）とａ（シワ）の二つの因子が含まれています。次に、第一世代同士をかけ合わせた第二世代では、図６－２右に示すように、三対一で丸い形質とａａというシワの形質が現れるのです。

話の順序は逆になりましたが、このような現象から、メンデルは遺伝形質を伝える因子として上述した遺伝粒子、すなわち今日の遺伝子を想定したのです。なお、エンドウ豆の劣性遺伝と優性遺伝は、前章で述べた劣性遺伝病と優性遺伝病に対応します。

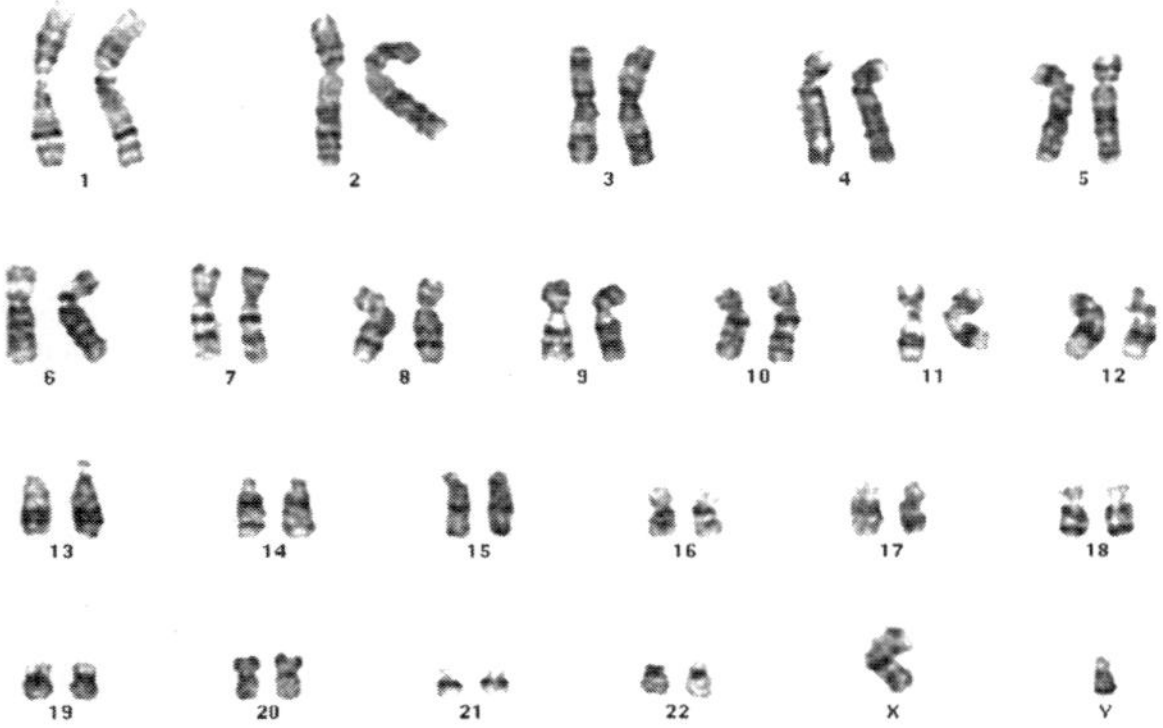

図6-3　ヒト(男性)の染色体

メンデルの法則の発見から九〇年近くを経た一九五三年、ジェームズ・ワトソン(一九二八年〜)とフランシス・クリック(一九一六〜二〇〇四年)という二人の科学者がDNA《ディーエヌエー》の二重らせん構造を明らかにしました。メンデルの法則の発見から約一世紀を経たこの発見により、DNAが遺伝子を構成している物質そのものであること、すなわち、メンデルの提唱した遺伝粒子はDNAであることが確定しました。「蛙の子は蛙」になるためには、DNAがカギをにぎっていたのです。

動物は通常両親から受《う》け継《つ》いだ遺伝子のセット(ゲノム)を持っており、ゲノムは、染色体の中に収納されています。換言《かんげん》すれば、染色体はゲノムの収納庫ということができます。

図6-3には、ヒトの二三本ずつ二対、合計四六

本の染色体が示されており、対の一方は父親、他方は母親由来です。二三本のうち二二本は「常《じょう》染色体」とよばれ、両親の常染色体は同じような形と長さを持つことから「相同《そうどう》染色体」ともよばれます。

二三番目の染色体は「性染色体」で、女性の性染色体はXXであり相同ですが、男性の性染色体はXYであり相同ではありません。Y染色体は男性に特有の染色体で、図6-3の人はXYなので男性です。

ちなみに、染色体の両端には第4章で説明したテロメア(図4-1参照)が存在しますが、この図では見ることができません。このような染色体に収納されたDNAからなる遺伝子は親から子、子から孫へと代々受け継がれるので、親子は似るのです。

鳶《とび》が鷹《たか》を生《う》む――生殖《せいしょく》による多様化と突然変異《とつぜんへんい》

凡庸《ぼんよう》な両親から非凡な子が生まれたというたとえです。タカとトビ(トンビ)は同じ仲間で、姿形は似ていますが、タカは強く勇壮《ゆうそう》な感じなのに対して、トビはごみあさりをすることがいやしいイメージにつながって、ことわざに表れる両者は優《ゆう》と劣《れつ》の関係にあるのです。

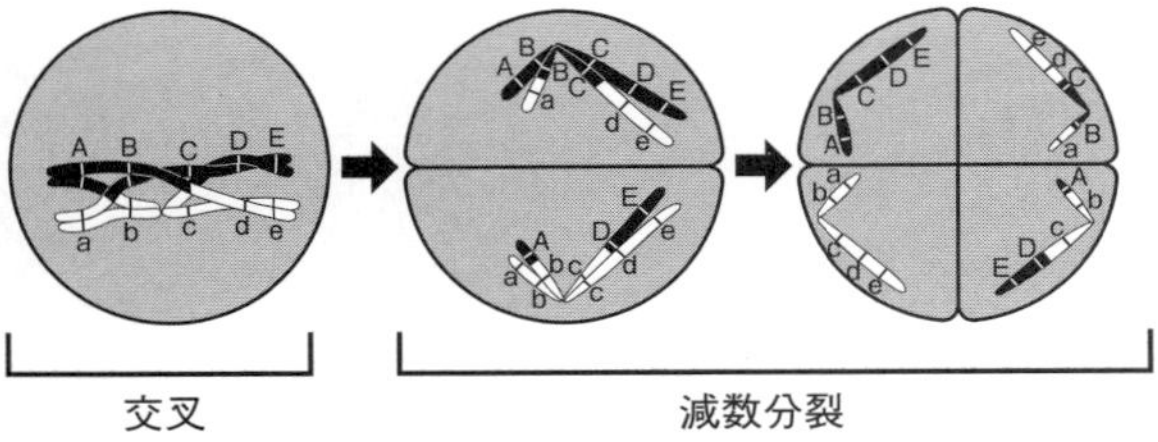

図 6-4　生殖細胞における染色体の交叉

ことわざにはお互《たが》いに逆の意味を持つものが少なからず存在し、このことわざは、「蛙《かえる》の子は蛙」とは対照的な意味を持ちます。農民から天下人にまでのぼりつめた豊臣秀吉《とよとみひでよし》の両親は平凡だったと思われますので、秀吉はさしずめトビから生まれたタカであったのでしょう。

じつは、「鳶が鷹を生む」といった現象も、生物学的にも理にかなっている面があります。

卵子や精子ができる細胞分裂《さいぼうぶんれつ》(減数分裂)では、両親の二組の染色体は卵子および精子に一本ずつ分配されます。この減数分裂の過程で、父母由来の二本の相同染色体の間で組《く》み換《か》え(交叉《こうさ》)が起こり、染色体はいわばキメラ状(まだらな状態)になります(図6-4)。

そうすると、父由来の染色体が母由来の染色体の一部を含み、母由来の染色体は父由来の染色体の一部を含むことになります。このようにして染色体は多様化します。

さらに、ヒトは二三対、合計四六本の染色体を持つので、二の二三乗種類(八三八万八六〇八種類)の精子ないし卵子が生じる可能性があり、精子と卵子の合体した受精卵では、組み合わせの数は、二の二三乗×二の二三乗通りになります。

このような二種類の要因によって、子どもの遺伝子は非常に多様化します。ですから、同じ両親から生まれた子でも、兄弟姉妹の間に違《ちが》いがでてくるのは当然のことなのです。したがって、その組み合わせによっては、「鳶が鷹を生む」ようなことも十分ありえるのです。

なお、人類は、遺伝現象を直感してこのようなことわざを残してきたばかりでなく、その知恵《ちえ》を農業や畜産《ちくさん》にも応用してきました。品種改良によって、麦、稲《いね》などの穀類、あるいはイヌなどの家畜で、人間にとって有用な品種が育てられてきたのです。

イヌは人類に最も身近な家畜のひとつですが、大きさも、姿も、性格も多種多様です。大きさひとつとっても、体重一キログラムにも満たないチワワから、体重一〇〇キログラムにおよぶセント・バーナードまで、その差は一〇〇倍にもおよびます。そのいずれもがオオカミと祖先を共通とするというのは驚《おどろ》きです。私たちの祖先がイヌを飼《か》い馴《な》らし始めたのは今から一万二〇〇〇年ぐらい前であり、イヌは最初の家畜と考えられています。

農業部門では、イチジクなどの交配の実験を通じて、遺伝という現象が一八世紀半ば頃には認識されるようになってきました。しかし、遺伝形質は交配によって液体のように混ざり合って伝えられる(混合遺伝)ものと考えられていたのです。このような実用面での遺伝現象の応用は、メンデルの法則に先立ってなされました。

一九世紀のアイルランド出身の劇作家であった、ジョージ・バーナード・ショウ(一八五六〜一九五〇年)に、次のような逸話《いつわ》が残っています。

ショウと同時代の有名なダンサーだったイサドラ・ダンカン(一八七七〜一九二七年)が、バーナード・ショウに恋《こい》をして求婚の手紙を送りました。熱烈《ねつれつ》なラブレターの内容は次のようなものでした。

「もし、あなたの頭脳と私の肉体を持った子どもが生まれたらどんなに素晴らしいことでしょう!」

これに対するショウの返事は、「あなたの頭脳と私の肉体を持った子どもが生まれてきたらどうなりますか?」

上述したような、有性生殖《せいしょく》における多様化のメカニズムを考慮《こうりょ》すると、イサドラ・ダンカンとバーナード・ショウの言ったことは、いずれもが理論的にありえることになります。

氏《うじ》より育《そだ》ち――環境《かんきょう》へのシフト

人の性格や人格を形成してゆくうえでは、血筋や家柄《いえがら》の良さよりは、教育や環境が重要だという意味で、「血は水よりも濃《こ》し」とは対照的な意味を持つことわざです。似たようなことわざに、「朱《しゅ》に交《まじ》われば赤くなる」があり、これは、人はつきあう仲間によって、良くも悪くもなるというたとえです。

インドでオオカミに育てられたとされる二人の少女、アマラ（推定一歳六か月）とカマラ（推定八歳）の「狼《おおかみ》少女」の話を聞いたことはありますか？　彼女らは一九二〇年にインドの現在の西ベンガル州ミドナプール付近で発見されました。二人ともオオカミのようなふるまいを示したことが、少女たちを発見したシング牧師により報告されています。

この二人の少女はオオカミに育てられたのでオオカミのようなふるまいをしたのではないかと考えられたわけですが、異論もありました。それは、彼女らのふるまいは先天的な知的障害によるものではないのかというものでした。

生物学あるいは心理学で、遺伝と環境のどちらが子どもの能力や性格形成により大きな影《えい》響《きょう》を与えるか、ということは重要な研究課題です。そのために、一卵性双生児《そうせいじ》と二卵性双生児を用いた比較《ひかく》研究は古くからおこなわれていました。

一卵性双生児では双子の間にまったく遺伝的な違《ちが》いはなく、実質的にはクローン人間同士とおなじです。一方、二卵性双生児は一般《いっぱん》の兄弟姉妹とおなじで、双生児間には遺伝的な違いがあります。

たとえば、ある能力が、一卵性双生児の間には強い関連性があり、二卵性双生児の間には関連性が低ければ、その能力を規定しているのは遺伝的要素であるということになります。そうでない場合には、その能力に影響を与えるのは環境的要素であるということになります。

この二種類の双生児を対象として、遺伝と環境が人間に与える影響を調べる方法は「双生児法」とよばれます。慶應義塾《けいおうぎじゅく》大学文学部の行動遺伝学、教育心理学の安藤寿康《じゅこう》教授は、七〇〇〇組以上の双子《ふたご》を調査してきました。

その調査によれば、物事を論理的に推論する力や、事物の配置を立体的に理解したりする空間性知能は、遺伝的影響が七〇%近くになるとのことです。一方、耳から入ってくる情報をどれだけ聞き取れるか、理解できるか、表現できるかといった、言語性知能の遺伝的影響は二〇%以下と、非常に低いことが注目されます。つまり、能力の種類によって、遺伝と環境の関与に違いがあることがわかります。

子どもを育てるうえでも、また、若い人にとっても、早熟であるか晩成であるかというのは気になるところでしょう。ピアニストやバイオリニスト、あるいは将棋《しょうぎ》や囲碁《いご》の棋士《きし》になるためには、小さいときから才能を見極め、それに合った環境づくりが必要で、この場合には遺伝と環境の二つが大切であるということになります。

遺伝と関連して、エピジェネティクスという現象にもふれておきたいと思います。この現象は簡単に言うと、DNA《ディーエヌエー》の塩基《えんき》配列の変化なしに発現し、場合によると、ひきつがれる遺伝的変化です。卑近《ひきん》な例では、遺伝子が同一の三毛猫《みけねこ》のクローンを作っても、白・黒・茶の三色からなる模様は、個体によって異なることが知られています。これも、エピジェネティクスによる効果と思われます。

つまり、すべてが、DNAの塩基配列の情報で決まるわけではない可能性があるのです。エピジェネティックな現象は、DNAに含まれる遺伝子の情報だけでなく、遺伝子が後天的に修飾《しゅうしょく》されることで起きる遺伝子の変化によりもたらされると考えられますが、現在では関連する多くのしくみが分子レベルでも解明されています。

これは、子どもの頃の性格や性分は生涯《しょうがい》変わることはないというたとえですが、これからお話しするように、生物学的にも根拠《こんきょ》を持ったことわざです。

◎三つ子《みつご》の魂《たましい》百《ひゃく》まで——幼少期の重要性

ユニセフ(国連児童基金)は、子どもの保護に力を注いでいますが、その理由のひとつが、子どもの人生の最も早い時期——出生から三歳——に起こることが、その後の子どもの生活や青年期の生活に影響《えいきょう》を与えるという指摘《してき》です。

生物学的に見ても、子どもが三歳になるまでに、脳の大枠《おおわく》の発達はほぼ完成するようです。新生児の脳の細胞《さいぼう》は成人になるずっと前に増殖《ぞうしょく》し、神経細胞をつなぐシナプスによる接合が急速に拡大し、終生のパターンが作られると考えられています。ユニセフの二〇〇一年「世界子供白書」には、図6-5に示す、マッケーンとマスタードによる研究が紹介されています。

この図によれば、両眼の視覚、情緒《じょうちょ》の抑制《よくせい》、習慣的な感応、言語、認知能力における象徴化《しょうちょうか》といった機能は三歳までに発達がおおむね終了していることがわかります。科学的にも、「三つ子の魂百まで」が裏付けられているわけです。それだけに、シリアの紛争《ふんそう》でヨル

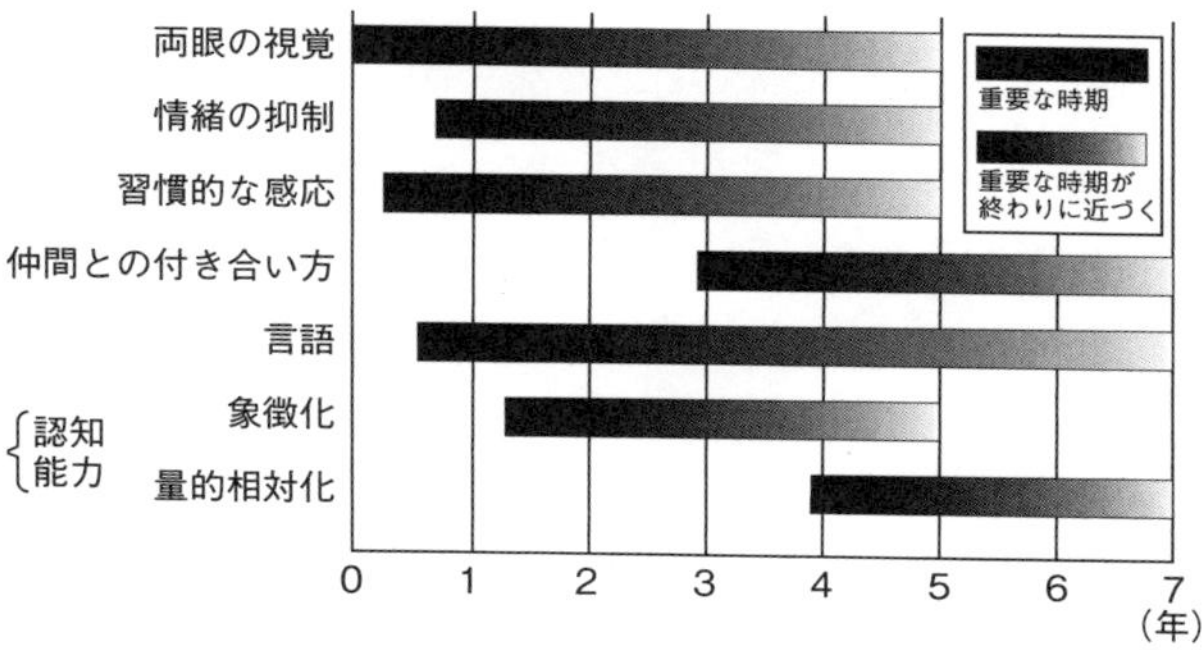

図6-5　子どもの脳の発達における重要な時期

ダンにのがれた難民の子どもの教育が不十分であることを、ユニセフが憂慮《ゆうりょ》していると報道されています。

幼少期の重要性については、発達心理学や脳科学的アプローチでも多くの研究がなされています。言語の習得には限界期（一二、三歳）があり、それをこえると言語習得の能力が急速に下がってしまうことが知られています。日本人はr《アール》とl《エル》の発音の区別がつかないとアメリカ人に不思議がられますが、幼児期にアメリカに暮らしたことのある子どもではそのようなことはありません。

また、「絶対音感」とはある音を聞いたときに音の高さを楽器の助けなどを借りずに判断できる能力ですが、この能力を持つには、遺伝的資質も重要ですが、幼児期に訓練しないと身につきにくいといわれています。

ところで、現在も多くのファンを持つ音楽家のモーツァルト（ヴォルフガング・アマデウス・モーツァルト、一七五六～九一年)は、三歳のときからチェンバロをひき始め、五歳のときに最初の作曲をおこなっています。早熟な天才の背景には、優れた遺伝的資質があるものと考えられます。

このような例は、「栴檀《せんだん》は双葉《ふたば》より芳《かんば》し」ということわざの例としてふさわしいでしょう。

なお、幼少時にえた能力が生涯失われないことを示す例として「雀百《すずめひゃく》まで踊《おど》り忘《わす》れず」があります。たとえば自転車に乗ることや泳ぐことは、いわば体で覚えるものであり、一度できるようになれば一生忘れることはありません。

大器晩成《たいきばんせい》――高齢化社会の楽しみ

前項の「三つ子の魂《たましい》百まで」といった幼少期の重要性を強調することわざがある一方で、成人してからの重要性を強調することわざもあります。「大器晩成」は、大人物ができるには長い年月を要するという意味です。大きな器を作るには小さな器に比べてしあげるのに時間がかかるのと同じように、人間も大人物にしあがるには時間がかかるという意味です。

人間の脳は、基本的な構造が決まるまでに三年ほどを必要とし、さらに二〇歳くらいまで発達を続けます。また、人間は生殖《せいしょく》能力を獲得《かくとく》するまでに一〇年以上、そして社会的に成人に達するのに二〇年近くを要します。

それに比べればマウスやイヌははるかに速く成長します。イヌは生後七か月で発情期が始まります。マウスにいたっては、生殖期は生後四〇〜五〇日から始まります。したがって、人間はそもそもほかの動物に比べて明らかに「大器晩成」なのです。

日本では超高齢社会を迎《むか》え、平均寿命《じゅみょう》は九〇歳に近づきつつあります。多くの能力は三五歳あたりをピークとして低下し始め、人間の生殖期は、女性では生理が終了して閉経《へいけい》を迎える更年期《こうねんき》(四五〜五〇歳)で終わります。それ以降の、いわば老後にあたる時期は三〇〜四〇年も続くのです。

その間にも知識をたくわえ、人格をみがくことも可能です。洞察力《どうさつりょく》は高齢に向けてむしろ高まるようですし、「大器晩成」ということわざはこれからの超高齢社会にとってのひとつの光明ではないでしょうか。

少々専門的になりますが、これに関連した心理学の研究を次に紹介します。

知能は「流動性知能」と「結晶《けっしょう》性知能」の二つに大別されます。計算力、暗記力あるいは図形の識別などに関連する知能は流動性知能とよばれ、知能指数(IQ《アイキュー》)で表されます。このような知能は、二〇歳頃を境に歳とともにおとろえます。

図6-6　グランマ・モーゼスの絵

一方、知識、洞察力、経験に関連した知能などは、歳とともに結晶するように、むしろのびることが知られており、結晶性知能とよばれるのです。このような分野の研究は生涯発達の心理学とよばれており、「大器晩成」と深く関連しています。

アメリカの大衆画家であったグランマ・モーゼス(アンナ・メアリー・ロバートソン・モーゼス、一八六〇～一九六一年)は七五歳のときから本格的に絵を描《えが》き始め、その後一〇一歳で亡くなるまで描き続けました(図6-6)。彼女は八九歳のときに婦人プレスクラブ賞をもらうためにホワイトハウスに招かれ、トルーマン大統領と会見しました。彼女などは、まさに大器晩成の典型でしょう。

第７章　鶏《にわとり》が先か卵《たまご》が先か
――生命の誕生と進化

本章では、生命はどのように誕生したのか考えてみましょう。

生命の誕生を語るためには、宇宙のはじまりまでさかのぼって考える必要があります。この宇宙は一三八億年前のビッグバンに始まり、当初は水素やヘリウムといった軽い元素しか存在しなかったと考えられています。

本章では、まず、生命にとって必要な重い元素はどのようにしてできたのか、それをもとにして生命はどのようにして生まれたか、さらに、誕生した生物がどのように進化したか考えてみます。

鶏《にわとり》が先《さき》か卵《たまご》が先《さき》か——生命の誕生と進化

この問いはけっしてふざけたものではありません。古代ギリシャの時代にまでさかのぼる、哲学的《てつがくてき》で神聖な難問なのです。当時の代表的なギリシャの哲学者アリストテレス(紀元前三八四~紀元前三二二年)は、この難問に取り組んだといわれています。「鶏が先か卵が先か」という問いは、卵がなければニワトリは生まれないし、ニワトリがいなければ卵を産むことはできないという疑問に関するものです。このジレンマに象徴《しょうちょう》されるように、生命の始まりは古来より謎《なぞ》にとんだ興味ある課題なのです。

エジプトはナイルの賜物《たまもの》——生命は超新星爆発《ちょうしんせいばくはつ》の賜物

ヒトをはじめとする生物の体は、タンパク質、遺伝子である核酸《かくさん》、糖、さらには脂質《ししつ》などの有機物質でできており、有機物質には炭素や窒素《ちっそ》、リンといった、水素やヘリウムよりも重い元素が含まれています。これ以外に、鉄、カルシウム、マグネシウムといったミネラル成分も生命には欠かせません。

今日では、これらの重い元素は超新星爆発で作られたことがわかっています。「エジプトはナイルの賜物」ということわざにかこつければ、「生命は超新星爆発の賜物」ということにもなります。

「エジプトはナイルの賜物」とは、ギリシャの歴史家ヘロドトス（紀元前四八四年頃〜紀元前四二五年頃）の言葉で、エジプトがどのようにして成り立ったか、その背景にある自然的な要因を見事に表現しています。ナイル川の上流にあるエチオピア高原では、七月中旬にモンスーンを迎えます。この季節には年々ナイル川が氾濫《はんらん》し、その結果、下流に肥沃《ひよく》な土をもたらしました。毎年くりかえされるこの現象は、農業にとっては大きな賜物でした。

肥沃な土地からもたらされる豊富な農作物は、エジプトの住民と王国を支えました。むしろ洪水《こうずい》対策も必要で、それを管理する強力な王も出現したのです。また洪水を予知するために天文学や暦《こよみ》が発達し、土地測量術として幾何学《きかがく》も発達するという副産物までもたらしました。このように、エジプトの農業、政治体制、文化の発達などは、まさに「ナイルの賜物」だったのです。

話を元《もと》に戻すと、太陽をはじめとする恒星《こうせい》は水素やヘリウムからできており、水素などの核融合《かくゆうごう》が進行します。その際に太陽で発生するエネルギーは、太陽光として地上の生命を支えています。その一方で、核融合の進行にともない、重い元素が蓄積《ちくせき》してきます。

質量が太陽よりも八倍以上大きな星は、意外にも太陽より寿命《じゅみょう》が短く、一〇〇〇万年から一億年で寿命を迎えます。このような大きな恒星の内部で進む核融合反応の結果、炭素、窒素、酸素、さらにケイ素、マグネシウム、カルシウム、鉄など、私たちの体に必要な元素が生成されるのです。

やがて寿命が終わりに近づくと、このような大きな恒星は赤色超巨星《せきしょくちょうきょせい》になり、その最終段階で、超新星爆発とよばれる爆発を起こしてその生涯《しょうがい》を閉じます。この際に、生命の材料となる重い元素は宇宙空間にばらまかれます。

地球はいわばこのような重い元素の寄せ集めでできているのです。超新星爆発がなければ、生命のもととなる有機物質は作られなかったことになります。ですから、「生命は超新星爆発の賜物」と言うことができます。

遺伝子が先か、タンパク質が先か

このように、生命の素材となる重い元素が超新星爆発からできたとして、では、タンパク質や核酸のような有機化合物、ひいては生命はどのようにして誕生したのでしょうか？

生命の誕生に関連しては先述のように、「鶏《にわとり》が先か卵が先か」という有名なジレンマがあります。じつは現代の生物学でも、「生命の誕生は遺伝子から始まったのか、タンパク質から始まったのか」という、似たような難問を抱《かか》えているのです。

生命にとって最低限必須《ひっす》な要素は子孫を残すこと、および、生命体を維持《いじ》するための構造体ならびにそのなかで営まれる代謝、といったことになるでしょう。

ところで、子孫を残すために必要なものは遺伝子です。一方、生命の構造と代謝を維持するために必要なものはタンパク質です。遺伝子はタンパク質である酵素《こうそ》がないと作ることができません。しかし、タンパク質を作るための情報は遺伝子にあります。

このように、生命にとって遺伝子とタンパク質は二つの基本的な要素です。ですから、「生命の誕生は遺伝子から始まったのか、タンパク質から始まったのか」が、「鶏が先か卵が先か」の現代版として問題設定されたのです。

遺伝子とタンパク質

ここで、遺伝子とタンパク質について簡単に説明しておきます。

遺伝子は多くの生物ではおもにＤＮＡ《ディーエヌエー》が、一部のウイルスではＲＮＡ《アールエヌエー》がその役割を担《にな》って

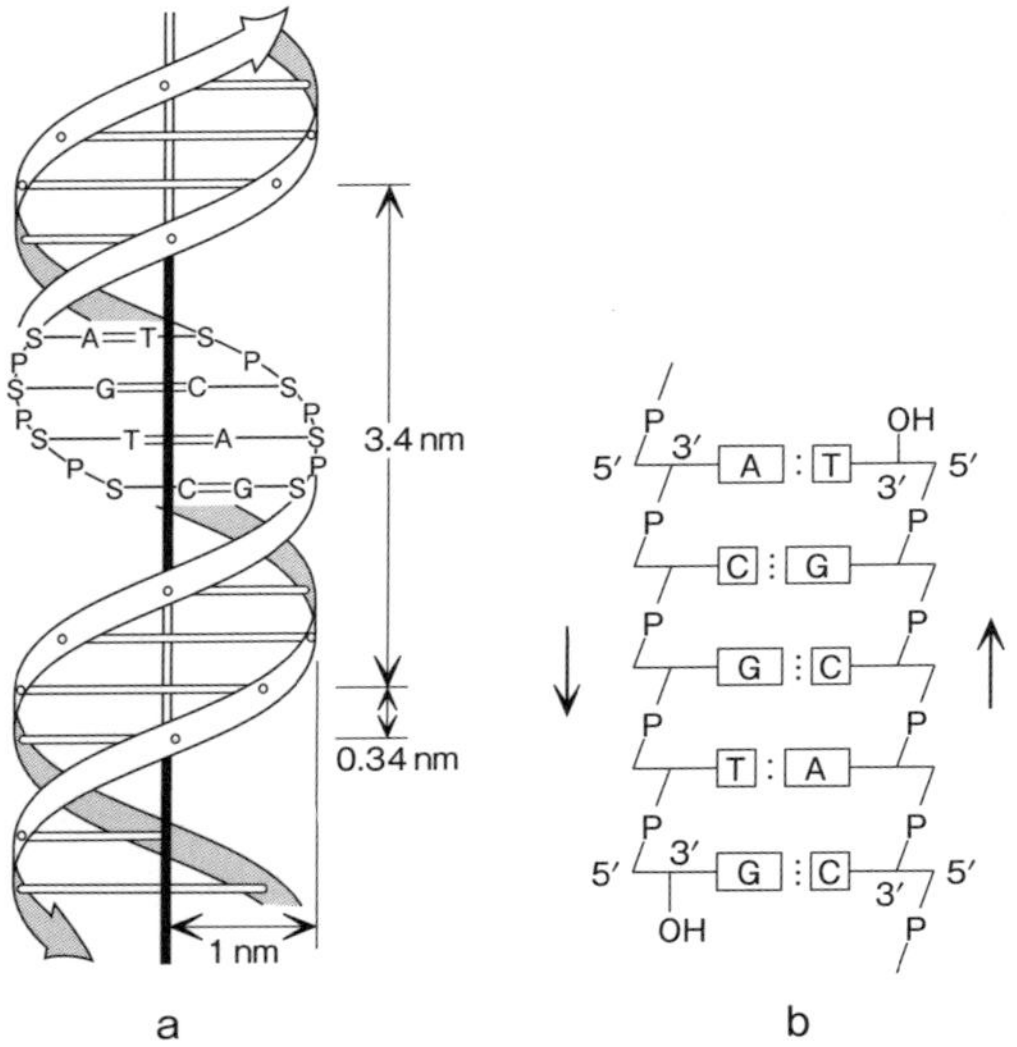

図 7-1　DNA の二重らせん構造。a はワトソンとクリックが提唱した二重らせん構造の全体、b はその化学構造の詳細を示す。塩基(A、T、G、C)は糖鎖の 3′ に結合し、リン酸(P)は糖鎖の 5′ に結合する。1 nm は 0.000001 mm を意味する。

います。DNAはデオキシリボ核酸の略称《りゃくしょう》で、四種類の塩《えん》基《き》、アデニン(A)、グアニン(G)、シトシン(C)、チミン(T)のどれかを含む、デオキシリボヌクレオチドが連なった鎖状《くさりじょう》の構造でできています(図7-1)。

デオキシリボヌクレオチドは、塩基-糖(D-2-デオキシリボース)-リン酸、の構造を持ち、塩基は上記のA、G、C、Tのいずれかです。これら四種類の塩基は、言葉で言えばアルファベットや平仮名《ひらがな》の五十音に相当し、無限の情報をつづることができます。

ＡとＴ、ＧとＣはそれぞれ「塩基対《えんきつい》」とよばれ、水素結合により相補的構造をとることができるので、ＤＮＡは全体として二重らせんを形成するのです(図7-1a)。このような相補性の構造をとるＤＮＡは安定化するとともに、複製して自分と同じ配列のＤＮＡを作ることができ、この原理により、遺伝情報を子孫に伝えることができるのです。

ＲＮＡはＤＮＡと構造が似ているのですが、糖の部分はＤＮＡと異なり、D-リボースです。また、四つの塩基のうちＡ、Ｇ、Ｃの三つはＤＮＡと同じですが、四番目の塩基はＴの代わりにウラシル(U)になります。ＲＮＡはＤＮＡと相補的構造をとることができ、そのためにＤＮＡの情報はＲＮＡに伝達されます(それを「転写」といいます)。

ＤＮＡの糖はＲＮＡのD-リボースから水酸基が外れたD-2-デオキシリボースであるために、ＲＮＡに比べて安定です。言いかえれば、ＲＮＡはＤＮＡより不安定です。進化の過程で、遺伝子はＲＮＡから、より安定しているＤＮＡにとって代わったと一般《いっぱん》に考えられています。

生命体を構築し、かつその代謝を支えているのは、タンパク質です。タンパク質は、通常二〇種類のアミノ酸が鎖状に結合したポリペプチドよりなり、さらに、水素結合や疎水性《そすいせい》結合などによりポリペプチドは複雑な高次構造を形成しています。タンパク質は、細胞《さいぼう》や体の構造を担っている構造タンパク質、酵素などの生物活性を有する活性タンパク質に分類できます。

遺伝子の情報を保持しているDNAやRNAがなければタンパク質を作ることはできませんが、DNAやRNAも、酵素というタンパク質がなければ作ることができないのです。ですから、ちょうど「鶏が先か卵が先か」というジレンマと同様に、生命の誕生では遺伝子が先か、タンパク質が先か、というジレンマが生じます。

酵素は非常に重要な意味を持ち、生物の営む代謝、すなわち化学反応を円滑《えんかつ》におこなわせる作用、多くの場合は反応を速める作用(触媒《しょくばい》作用)をおこないます。身近なところでは、酵《こう》母《ぼ》の発酵作用は酵母に含まれる酵素による作用で、酒の製造に使われています。コメのデンプンが酵素によってアルコールに変換《へんかん》されるのです。DNAの遺伝情報は、メッセンジャーRNAに伝達され(転写)、その情報はタンパク質へと伝達されます(翻訳《ほんやく》)。この過程は、「セントラルドグマ」とよばれます(図7-2)。これらすべての反応は酵素により触媒されます。

現在では、生命の起源については、DNA、RNA、タンパク質のそれぞれを起源と考え

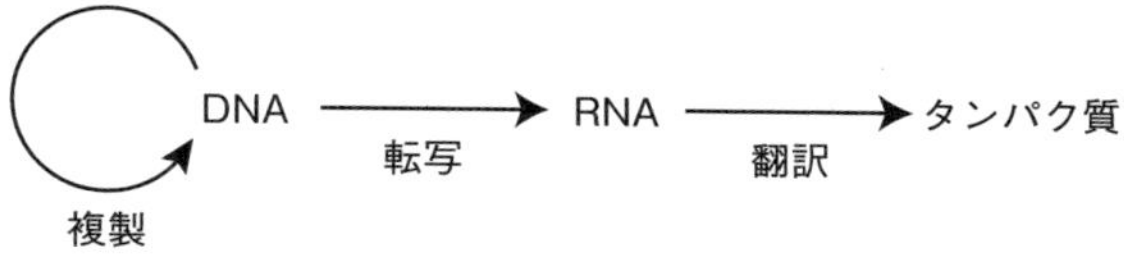

図7-2　セントラルドグマ。遺伝情報を持つDNAは自己複製する一方で、本文の説明にあるようにその情報はRNAへの転写を経て、最後にタンパク質に伝達される。

る「DNAワールド仮説」、「RNAワールド仮説」、「タンパク質ワールド仮説」の三つの仮説が存在します。このうち「DNAワールド仮説」はDNAにタンパク質やRNAに見られるような、代謝を促進《そくしん》する触媒能力がないのが欠点とされ、ほかの二つの説に比べると不利な状況《じょうきょう》にあります。そこで、「RNAワールド仮説」と「タンパク質ワールド仮説」を中心に紹介します。

RNAワールド仮説

「生命はRNAから誕生した」とするのがRNAワールド仮説です。この仮説を最初に提唱したのはハーバード大学生物学研究室のウォルター・ギルバートで、彼の発表した論文の表題はずばり「Origin of life; The RNA world」、すなわち、「生命の起源：RNAワールド」です。

生命の最も本質的なことは、自分と同じコピーを作る自己増殖と、酵素によりおこなわれるいろいろな化学反応(代謝)です。この二つの

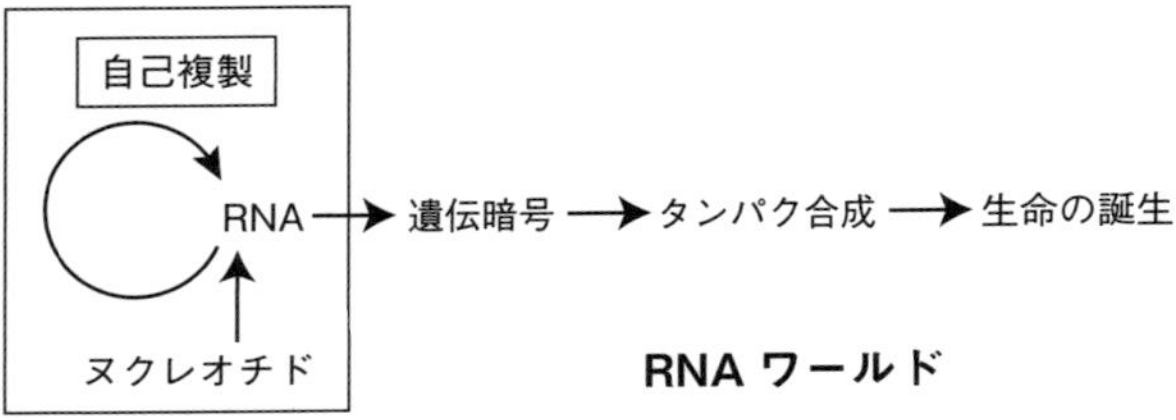

図7-3　RNA ワールド仮説

能力が備わっていれば、原始的な生命体の最低限の要件をみたすことができるのです。

ギルバートは、短いＲＮＡであるヌクレオチドのなかには、化学反応を触媒する酵素としての能力を持っている分子が存在することに注目しました。酵素とは生命のカギをにぎるタンパク質の一種で、生体の代謝にかかわるいろいろな化学反応を触媒するタンパク質です。ですから、ＲＮＡが自己増殖《ぞうしょく》するためにはタンパク質が必要です。しかし、ＲＮＡ自身に酵素活性があればＲＮＡのみで自己複製することができることになります。

この原理に基《もと》づいてたてられたのが図7-3に示すＲＮＡワールド仮説です。ＲＮＡのみで、いろいろな遺伝暗号を持つＲＮＡの自己複製が可能になります。このＲＮＡからはタンパク質が作られ、これらを元にして生命が誕生するというわけです。

タンパク質ワールド仮説

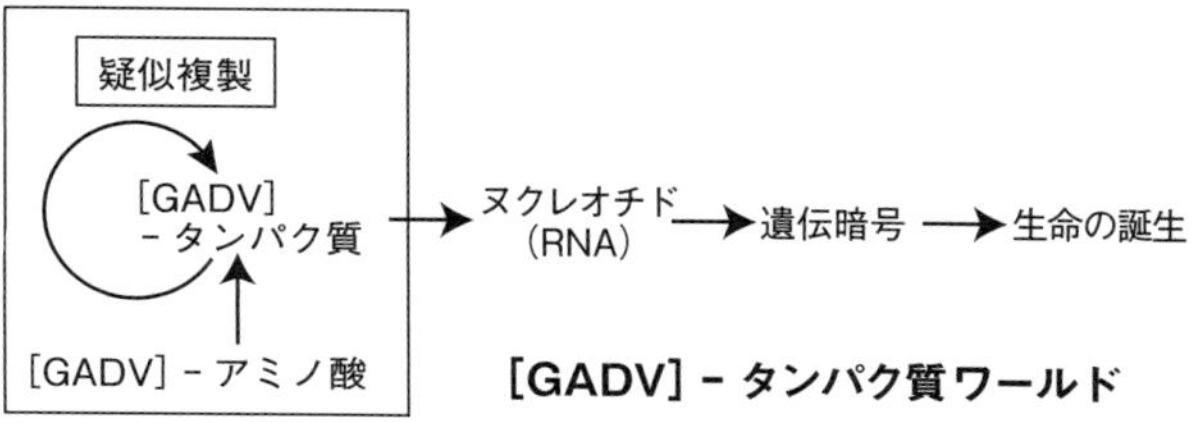

図7-4　[GADV]－タンパク質ワールド仮説。この図で示す複製はRNAの複製のように自らを鋳型とする複製ではなく、自らの触媒作用による化学反応により自分と同じ分子を生み出す、いわば「疑似複製」。

ＲＮＡワールド仮説に対して「生命はタンパク質から誕生した」とするのがタンパク質ワールド仮説です。そのひとつとして、奈良女子大学の池原健二による［ＧＡＤＶ］－タンパク質ワールド仮説が注目されています。そこで、この説について少し詳《くわ》しく紹介しましょう（図7－4）。

　第一段階では、グリシン（Ｇ）、アラニン（Ａ）、アスパラギン酸（Ｄ）、バリン（Ｖ）という四種類のアミノ酸から［ＧＡＤＶ］－タンパク質が比較的《ひかくてき》容易に、おそらく偶然《ぐうぜん》に、合成されます。重要なことは、このタンパク質には複製能力および、いろいろな化学反応の触媒となる酵素と似た機能があることです。

　第二段階では、このタンパク質はＲＮＡの原料となるヌクレオチドの合成をおこない、その結果ＲＮＡも形成されます。

　第三段階では、このようにして生じたＲＮＡの指令によりタンパク質の合成がおこなわれます。RNAは自身の複製をおこなう過程で変異を生じ、より高い機能のタンパク質である酵素を合成するRNAが選択《せんたく》されて、やがて生命の誕生につながります。すなわち、この仮説は、［GADV］-タンパク質こそが地球上で初めて複製と代謝をおこなった生命の起源であったと主張しています。

RNAの原料であるヌクレオチドは構造が複雑で、偶然に合成されるのは難しいことがRNAワールド仮説の欠点になっています。これに対して、GADVという四つのアミノ酸は構造が簡単で、偶然に合成されやすいのです。

RNAワールド仮説であれ、タンパク質ワールド仮説であれ、いずれの場合にも最初の生命体は自己増殖が可能な分子からなっていることになります。このような過程で、大腸菌《だいちょうきん》のような単細胞生物が生まれたと考えられます。

やがて単細胞生物が多細胞生物へと進化し、有性生殖《せいしょく》をおこなう生物が生まれました。このときに、多細胞生物の個体から卵子と精子の原型ができて、両者が合体した受精卵から、新たな個体が生まれることになります。

そうだとすれば、「卵より鶏が先だった」と考えられることになります。

天《てん》は自《みずか》ら助《たす》くる者《もの》を助《たす》く――生物界のおきて

これは、他人を頼《たよ》りとせずに自立して努力するものには、天の神が味方となるということわざで、自助努力の大切さを言っています。

この思想を最もよく実践《じっせん》してきたのは、地球上の生物でしょう。すべての生物にとって生き残ることができたのは、自助努力以外のなにものでもありません。ですから、このことわざは生物界のおきてでもあるのです。

むろん他の生物の助けを借りて生き残ってきた寄生虫のような、一見「他力本願」とも思えるような生物も存在しますが、それでも、自らの努力で利用できる宿主《しゅくしゅ》を選んできたわけです。ですから、自助努力と寄生は矛盾《むじゅん》する概念《がいねん》ではありません。

ダーウィンの進化論

旧約聖書の天地創造では、それぞれの生物種は神が別々に創ったことになっています。これに対して進化論では、地球上の多種多様な生物種は別々に創造された不変なものではなく、少数の共通の祖先から変化して今日の姿になったとします。

最初に生物進化に言及《げんきゅう》したのはJ＝B・ラマルク（一七四四〜一八二九年）でしたが、多くの根拠《こんきょ》を挙げて統一的な進化の機構を説明したのは、チャールズ・R・ダーウィン（一八〇九〜八二年）の進化論でした。

進化論は次のように要約されます。

①生物の持つ形質は同一種のなかでも違《ちが》いがあり、また、形質変異により常に多様化する可能性を秘めている。

②そのなかで環境《かんきょう》に最もよく適合した形質を持つ個体が子孫を多く残せる（適者生存と自然選択《せんたく》）。具体的な例としては、干《かん》ばつによって食料の種子の形が変化し、それに合ったくちばしを持ったフィンチが生き残っていったことが挙げられる（後述）。

③このような過程を長く踏《ふ》むことで、新しい生物種も生まれ、種の進化がもたらされた。

ヒトもこのような過程を踏んで、サルと共通の祖先から進化したことになる。

なお、突然変異《とつぜんへんい》を含めて、遺伝学の知識がまだ十分ではない時代の仮説でしたが、その本質は間違いではないと考えられます。

形質変異は、DNA《ディーエヌエー》に生じる遺伝子変異によることが今日では証明されています。抗生物《こうせい》質の乱用により耐性菌《たいせいきん》の出現が問題になっていますが、これは、遺伝子変異により新たに出現した、あるいはすでに出現していた耐性菌が、抗生物質存在下で自然選択により増えたためで、このような例は、最も単純な、自然選択と適者生存のモデルです。

ダーウィンは、ビーグル号という船に乗って世界を旅しましたが、その間におこなった生物学的観察を基礎《きそ》にして、自然選択に基《もと》づく進化論を『種の起原』という書物に著《あらわ》しました。

なお、環境に適する遺伝形質を持ったもののみが生き残り、そうでないものは脱落《だつらく》してゆくという現象については、「自然淘汰《とうた》」という言葉が使われていました。しかし、最近では「自然選択」という言葉が多く用いられるようになりましたので、本書ではおもにこちらを使用します。

一八五九年に刊行された『種の起原』の訳本（チャールズ・ダーウィン著、八杉龍一訳、岩波文庫、一九九〇年）のカバーに掲載《けいさい》されている文章を、以下そのまま引用します。

自然選択と適者生存の事実を科学的に実証して進化論を確立し、自然科学の分野においてはもちろん、社会観・文化観など物の見かた全般に決定的な影響〔えいきょう〕を及ぼした著作として、この『種の起原』の名を知らぬ人はあるまい。

進化論は旧約聖書の記述に反しているために、キリスト教の聖職者から非難されたことはよく知られています。また、人間が動物から進化したとする説は、「人間はサルから生まれた」ことにもなりかねず、これは当時の人が最も嫌悪感《けんおかん》を示す理由でもあったのです。ただし、ヒトとサルは共通の祖先を持つことには間違いありませんが、サルからヒトが生まれたわけではありません。

上述したように、ダーウィンの進化論は、社会観・文化観などものの見かた全般に決定的な影響をおよぼした、深い意味を持つ生物現象です。それだけに、進化論の発見の前後を問わず、多くの関連することわざ・成句《せいく》が見られます。

ダーウィンの進化論の中核《ちゅうかく》をなす「自然選択」と「適者生存」のうち、適者生存の具体例については、後述するフィンチという鳥で述べます。

自然選択とは、生物が偶然《ぐうぜん》起きる変異(突然変異)によって多様化し、その一部が自然環境の中で選別され、進化に方向性を与えられるという概念です。その具体例としては、これまでお話しした薬剤耐性菌にもみることができます。

ガラパゴス化――産業界における現象

これはことわざではありませんが、日本発の造語で、わが国の産業の現状を批判的に表しています。孤立《こりつ》した環境《かんきょう》にある日本の市場で最適化が進行した製品は、国内でよく売れても外国では売れないことを、この言葉は意味しています。筆者は、携帯《けいたい》電話の「ガラケー」の語源が、「ガラパゴス・ケータイ」であることを最近知り驚《おどろ》きました。

このような造語に使われるほど、ガラパゴスでの生物の進化はユニークです。ダーウィンは測量船ビーグル号での航海中に、一八三五年九月一五日から一〇月二〇日までこの島に滞《たい》在《ざい》しましたが、その間の記録は『ビーグル号航海記』に記されています。

当時生物は「神により創られて永遠に変わらない」と信じられていました。しかしダーウィンは、生物は環境に応じて変化すると考えるにいたり、有名な進化論を説いた『種の起原』を著《あらわ》したのです。ガラパゴスにおける滞在はこの考えを育てるうえで大いに役立ちました。

ガラパゴス諸島は、東太平洋上の赤道直下、エクアドルの西方約九〇〇キロメートルに孤立して存在する火山列島で、一九の主な島をはじめとする大小一二〇以上の島々からなりま

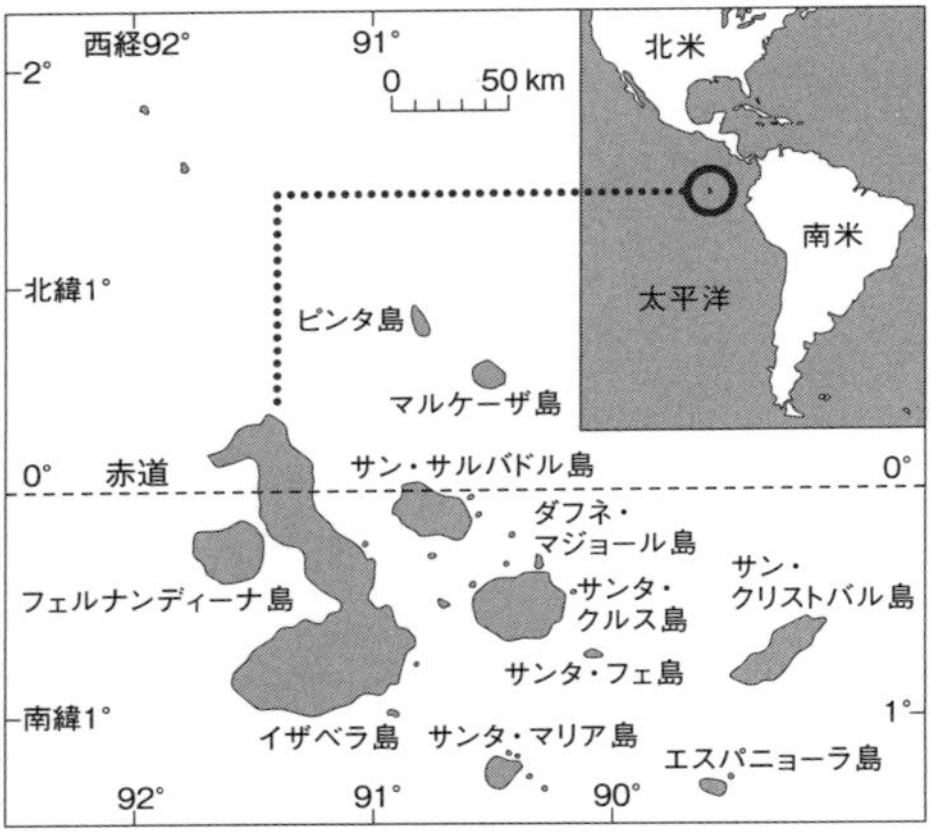

図7-5　ガラパゴス諸島。南米エクアドルの西方約900 km、赤道直下に位置する火山でできた島々

す(図7-5)。

この諸島は地球のマントルからわきあがるマグマが噴出《ふんしゅつ》するホットスポットのひとつであり、その結果、島ができました。できた島はプレートの動きとともに移動し、一連の諸島になったのです。マントルはすこしずつ南東に移動しているので、北西側の島ほど新しく、南東側の島ほど古いのです。

上述したようなメカニズムで島ができたので、その東に位置する中南米の大陸とつながったことはなく、生物学的には独立性が強いのです。そのために、ガラパゴス諸島で見られる生物は、中南米に普通《ふつう》に見られる生物群が欠けているか、存在しても異常に貧弱《ひんじゃく》であり、諸島固有の生物種が多いのです(図7-6)。

図7-6　ガラパゴスの風景と生き物。A：ウミイグアナ、B：リクイグアナ、C：ガラパゴスゾウガメ

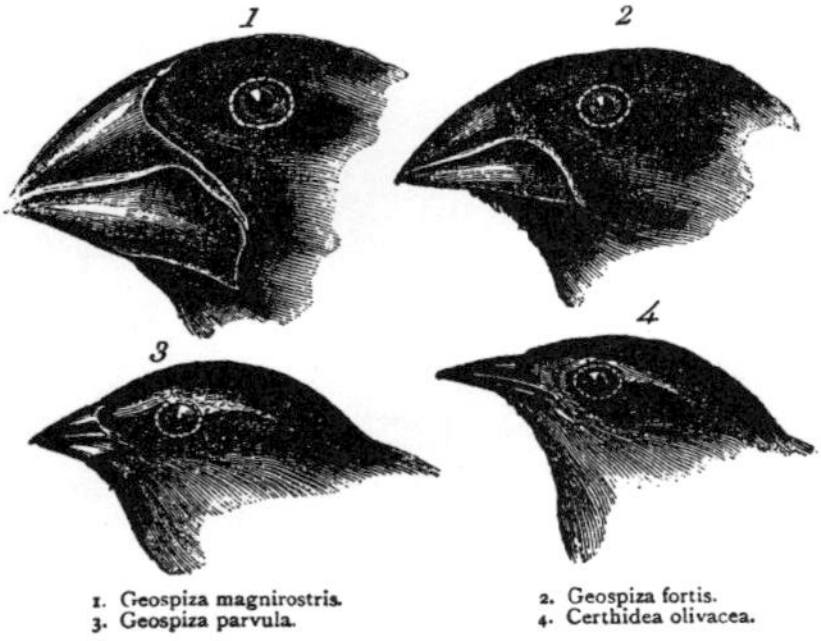

図7-7　ガラパゴス諸島のフィンチのくちばし

ここで、それぞれの島で特有の進化をとげたガラパゴス・フィンチという鳥を紹介します。ガラパゴス・フィンチは、黒から茶色の地味な色をした小鳥で、大きさは一五センチメートル前後です。次に紹介するのは、プリンストン大学の生態《せいたい》学者であるグラント夫妻らによる研究結果です。

ガラパゴス・フィンチは、この諸島には全部で一四種すんでいますが、どれもよく似ています。しかし、くちばしの大きさと形は異なります。興味深いことに、このくちばしの大きさと形は、食料《しょくりょう》となる種子の種類によって変化していることがわかりました(図7-7)。

ダフネ・マジョール島で干《かん》ばつが起きたとき、干ばつの前後でくちばしの厚さをはかったところ、干ばつの後にはくちばしの厚さが増したのです。これは干ばつ後、くちばしの厚い鳥が生き残った結果です。干ばつによりそれまで豊富に存在していた小さくてやわらかい種子はなくなりましたが、大きくてかたい殻の木の実は残り、この実を食べることのできた厚いくちばしを持つフィンチのみが生き残れたのです。

この結果から、次のように推察されます。くちばしの形と大きさは遺伝することが確かめられています。したがって、遺伝形質の変異により存在していたいろいろなくちばしを持ったフィンチのなかから、それぞれの島にある種子に合わせて効率よく食物をとることができたフィンチが生き残ることができました。

これは「適者生存」の典型です。種子の形に合わせてフィンチがくちばしの形を変えたわけではありません。ダーウィンの進化論の骨格をなす、遺伝形質の変異と自然選択《せんたく》の理論が見事に実証された例です。

世界自然遺産に登録されている日本の小笠原《おがさわら》諸島も、ガラパゴス諸島と同じように周囲の大きな島や大陸とつながったことはなく、豊かで独特な動植物が存在します(図7-8)。このことが、小笠原が「東洋のガラパゴス」とよばれるゆえんです。

孤島という逃げ場《にげば》のない環境に外来の動植物が侵入《しんにゅう》すれば、その貴重な自然は一挙に破壊《はかい》されます。すでにグリーンアノールやヤギ、ネコなどによって在来種が捕食《ほしょく》されるなどの被《ひ》害《がい》を受けており、対策がおこなわれています。

図7-8　小笠原諸島南島の風景と小笠原の母島にすむ固有種の鳥、メグロ

図7-9　グリーンアノール

グリーンアノールは、アメリカに由来するトカゲの一種です(図7-9)。

小笠原固有のチョウ、オガサワラシジミなどの昆虫《こんちゅう》が絶滅《ぜつめつ》寸前に追いやられたのは、これに捕食されたことも原因と考えられています。グリーンアノールは、生態系に悪影響を与えるおそれがあり無許可での輸入や飼育の禁じられている「特定外来生物」にも指定されています。

時《とき》は金《かね》なり――進化における時間の重み

このことわざの意には、時間を有効に使って物事にはげめば成功するということ、また、時間は貴重なものだからむだに過ごしてはならないということの、二つがあります。このことわざは、英語の「Time is money」の翻訳《ほんやく》で、わが国にも古くから、「一寸《いっすん》の光陰軽《こういんかろ》んずべからず」「一寸の光陰は沙裏《しゃり》の金」など、類似《るいじ》のことわざがありました。

「時」に注目するならば、生物の進化こそは、三八億年以上の長い時間を費《つい》やしてなされてきました。しかし、細菌《さいきん》のような単細胞生物からヒトにまで本当に進化したのか、という単純な疑問を持ち、そこに神の存在を認めようとするのは、無理からぬことです。

たとえば、ダーウィン自身、『種の起原』に、弱音ともとれる、次のようなことも言っています。

「あらゆる種類の無類の仕かけを持つ目が自然選択《せんたく》によって作られたであろうと想像するのは、このうえもなく不条理のことにおもわれる、ということを私は率直《そっちょく》に告白する」

この問題を考えるために、生物の目の進化について簡単に紹介しましょう。雑誌「ナショナルジオグラフィック」(日本版、二〇一六年二月号)によれば、スウェーデンのルンド大学のダン＝エリック・ニルソンは目の進化を機能のうえで四つの段階に分けました。

第一段階は、目のもととなった光受容細胞の出現。この細胞には素朴《そぼく》な光センサーがあり、周囲の光の強弱を感じ取り、それによって時間帯や水深を把握《はあく》した。

第二段階では、光が差してくる方向がわかるようになった。

第三段階では、光受容細胞がグループに分かれ、各グループがすこしずつ違《ちが》う方向を向く構造を持つ目が形成された。こうした目の持ち主は、異なる方向からくる光の情報を統合して、周囲の世界を画像として認識《にんしき》できた。

第四段階では、目とその持ち主が飛躍《ひやく》的《てき》な進化をとげた。光を一点に集めるレンズを獲得《かくとく》することで、物の形がはっきり細部まで見えるようになった。

このような段階をひとつずつ踏《ふ》めば、神に頼らなくても、やがて目が完成されると考えられます。

ダーウィンの時代にはこのような目の進化のメカニズムは不明でしたが、『種の起原』のなかでダーウィンは、「もしも、不完全な目から完全で複雑な目にいたる漸次《ぜんじ》的《てき》段階が存在すれば、目が自然選択の過程で形成されたと考えることは可能であろう」(要約)と言及しています。

この目の進化の例からもわかるように、生物はありあまる時間を利用して進化してきました。後述しますが、三〇億年ほどの長い期間を生物は単細胞で過ごしました。単細胞から多細胞になるためには、地球すべてが凍《こお》りつくすという全球凍結《とうけつ》を契機《けいき》とした酸素の大量発生が必要で、生物は長い年月を待つ必要があったのです。

「時は金なり」に話を戻《もど》せば、生物は仮に時間を浪費《ろうひ》したとしても、何世代も経て、単細胞から、脳、目、耳、心臓、肝臓《かんぞう》、腎臓《じんぞう》などの臓器、筋肉や骨などの精緻《せいち》な器官・臓器を備えたヒトにまで進化したのです。この間の生物の突然変異《とつぜんへんい》と自然選択のくりかえしの歩みはたゆみないものであり、文字通り「継続《けいぞく》は力なり」でした。

時間に関することわざには、「時は金なり」あるいは、「ローマは一日にしてならず」などがありますが、「生物は、三八億年以上にわたる、突然変異と自然選択のくりかえしでなった」と考えるほかないと思われます。

筆者は、生物進化の神秘は、神によるのではなく、この途方《とほう》もなく長い時間のなかにあったと考える一人です。

無用《むよう》の長物《ちょうぶつ》――退化の運命

あってもその場の役に立たず、かえって邪魔《じゃま》になるもののたとえで、長物とは場所をとるばかりで用をなさないものの意です。

生物の組織や器官でも、過去には必要だったが環境《かんきょう》の変化などでいらなくなった「無用の長物」は、しだいに形が単純になったり、小さくなったり、あるいは機能がおとろえたりするという「退化」の過程をたどります。むだなものを持っているのは不経済であり、場合によっては邪魔になります。

多くの生物にとって生存するうえで目は必須《ひっす》の器官です。しかし、たとえば、地中で生活するモグラには目はあまり役立ちません。ですからモグラの目は退化しました。モグラの目は、光は感じるものの物の形などは見えないようです。そのかわり、体の触覚《しょっかく》器官は発達しています。鼻先にある非常に小さな「アイマー器官」が複数存在し、それで地中の微弱《びじゃく》な振動《しんどう》を感じとり、エサを捕獲《ほかく》します。水の中で過ごすクジラの手足も退化しましたし、木に登らなくなったヒトの尾《お》も同様に退化しました。

ウマの祖先は五本の指を持っていましたが、中指のみが発達してひづめとなり、ほかの指は退化しました。いくつかの連続的なウマの祖先の化石が残されていて、その過程をたどることができるのです。この事実は、ダーウィンの進化論の強い裏付けにもなっています。

無用《むよう》の用《よう》——生物に役立たないものはない？

このことわざは、何の役にも立たないと思われていたものがじつは大事な役割を果たしているという意であり、また、役に立たないことがかえって有用であることという意でも使われます。

生物の器官や組織などには、一見役に立ちそうもないものがありますが、実際には役立っていることが明らかになったものもかなりあります。もし本当に無用であれば退化したはずです。

たとえば、胸腺《きょうせん》は人間にもある心臓の上に存在する白い臓器です。胸腺は思春期前後に最大となり、その後しだいに委縮します。このようなこともあり、この臓器は、以前はあまり役に立っていないのではないかと考えられていました。

しかし現在では、胸腺は免疫《めんえき》で中心的役割を果たすT細胞《さいぼう》というリンパ球が作られる重要な臓器であることがわかっています。若い時期に胸腺で作られたT細胞は、全身のリンパ組織にすみつき、胸腺が委縮しても、これらのT細胞が免疫で十分な機能を果たすことができるのです。

また、ヒトのDNAのすべての遺伝情報は「ゲノム」とよばれますが、その全塩基《えんき》配列の大きさは約三一億塩基対《つい》(塩基対とは、前述した、AとT、GとCの塩基の対のこと)で、そのなかで実際にタンパク質のアミノ酸配列を指令している遺伝子の数は約二万二〇〇〇であることがわかっています。

しかし驚《おどろ》くべきことに、このようにタンパク質の遺伝情報になっている部分(エクソン)は、全遺伝子配列の二%以下でした。残りの九八%以上の塩基配列は一見無用とも思われる領域(イントロンを含む非翻訳《ほんやく》領域)であり、その役割はよくわからず、「無用の長物」と思われていた時期もありました。しかし、その後この部分にはいろいろな役割のあることが少しずつ明らかになってきました。

たとえば、免疫で大事な役割を果たす抗体《こうたい》が多様化する場合には、イントロンを介して断《だん》片《ぺん》化《か》した抗体のエクソン部分がいろいろな組み合わせでつなぎ合わされ、その結果、抗体分子の多様化が可能になります(第3章参照)。現在では一見意味がないと思われる領域であるイントロンを含む非翻訳領域は、ほかにもいろいろな重要な役割を果たしている可能性があることがわかってきました。

結局のところ、生物は非常に経済的に進化してきたようです。ですから不要になった組織、器官は退化しますし、一見無用と思われるものも、存在する限り何らかの役に立っている場合が多いのです。

この項のさいごに、盲腸《もうちょう》(虫垂《ちゅうすい》)についても説明しましょう。盲腸は草食動物ではよく発達しており、ここでは腸内細菌によりセルロースの分解がおこなわれることがわかっています。すでに紹介しましたように、コアラは盲腸で発酵《はっこう》させることでユーカリの葉を効率よく消化・吸収できるのです。

ヒトではセルロースは分解されないので、盲腸は無用と思われていました。しかし近年、盲腸に意外な役割のある可能性が指摘《してき》されています。そのひとつは、好ましい腸内フローラ(腸内細菌の集団)の維持《いじ》に役立っているのではないか、というのです。今後この分野で、意外な発見があるかもしれません。

住《す》めば都《みやこ》——多くの生物の実感

どんなに不便で辺鄙《へんぴ》なところでも、慣れてしまえば心地よいところだということ。

生物は多種多様であり、じつにいろいろなところにすんでいます。極寒《ごっかん》のホッキョクグマやアザラシ、乾燥《かんそう》しきった砂漠《さばく》のラクダ、深海のダイオウイカなど、枚挙《まいきょ》にいとまはありません。たとえ過酷《かこく》な環境《かんきょう》であっても、これらの生物にとっては、「住めば都」なのです。

生物にとっては、物理的に過酷な環境は居心地が悪いはずですが、それがかえってエサにありつくのに好都合だとか、あるいは、比較的《ひかくてき》外敵が少なく身を守るのに好都合であるといった利点にもなるのです。

たとえば、南米のイグアスの滝(図7-10)の裏の岸壁《がんぺき》に巣を作っているオオムジアマツバメは、そこをすみかとして子育てをしているのですが、その理由は、そこには天敵がいないからです。この鳥は巣に戻《もど》るときには、猛烈《もうれつ》な滝の水しぶきをものともせずにそれをくぐりぬけます。

そのほかに、めずらしいものとして、高温の海底熱水噴出孔《ふんしゅつこう》の周辺にすむチューブワームがあります。海底熱水噴出孔とは地熱で熱せられた水が噴出する割れ目で、火山活動が活発

図 7-10　イグアスの滝

なところなどに存在し、水温は数百度に達します。

チューブワームはチューブ状の管のなかにすみ、目も口も消化管すらもなく、あるのはエラと循環器《じゅんかんき》、それに生殖器《せいしょくき》だけです。これは、環形《かんけい》動物門に属する生物と考えられています。細菌《さいきん》と共生し、細菌の合成した有機物を摂取《せっしゅ》します。

なお、ここの細菌は、酸素の代わりに硫黄《いおう》で水素を酸化(硫黄酸化)してエネルギーをえます。この環境にすむ生物の体は、高温に耐《た》えられるタンパク質でできています。いずれも驚《おどろ》くことばかりの世界です。

郷《ごう》に入《い》っては郷《ごう》に従《したが》う——実践《じっせん》して生きのびた

知らない土地に行ったら、その土地の風俗・習慣に従うことが無難な世渡りだということです。

生物は、ごく自然に積極的に「郷に入っては郷に従う」を実践しています。というより、そうしないと生き残れないのです。ガラパゴス・フィンチの場合には、干《かん》ばつなどでエサとなる種子の形が変われば、それに合ったくちばしを持ったフィンチ、すなわち結果的には

「郷に従う」ことのできたフィンチのみが生き残ったのは、すでに紹介した通りです。

砂漠《さばく》や荒野《こうや》という極端《きょくたん》に水にとぼしい環境《かんきょう》に進出した動物や植物を考えてみましょう。ラクダは砂漠にあって、長期間水を飲まずに行動できます。その最大の理由は、血液のなかに大量の水をたくわえられるからです。なんと、ラクダは一度に八〇リットル、最大一三六リットルの水を飲めます。

こんなことをすると、普通《ふつう》の動物では大量の水で血液が薄《うす》められ、赤血球は破裂《はれつ》してしまうでしょう。しかし、ラクダの赤血球は水を吸収して二倍に膨張《ぼうちょう》しても破裂しません。そのほか、水の排せつを抑制《よくせい》したり、尿《にょう》の量を最小限にとどめたりするためのしくみも持っています。おそらく、突然変異《とつぜんへんい》が積み重なって、砂漠に適応できるように進化したのでしょう。

植物では、乾燥《かんそう》した荒野に生育するサボテンが独特のしくみを持っています。その多くが多肉植物であり、葉は変形してとげとなり、水分の蒸散を防ぎます。

いずれにしても、「郷に入っては郷に従う」ことは、生物にとっては守らなければならない至上命令であり、そのことですむ領域を広げていったのです。

人間万事塞翁が馬《にんげんばんじさいおううま》——地球大変動と新たな生物の勃興《ぼっこう》

このことわざの意は、良いことと悪いこと、すなわち、吉凶・禍福《かふく》は予測が不可能なので、災難も悲しむことはなく幸運も喜ぶことではないということで、「塞翁が馬」とも言います。ヒトにいたるまでの生命の歴史は、これから述べるように、まさに吉凶・禍福のくりかえしでした。生命の歴史がどのように「塞翁が馬」であったか見てゆきましょう。

単細胞《たんさいぼう》生物の世界

東北大学とコペンハーゲン大学の共同研究によって、グリーンランドのイスア地方の岩石中に、三八億年前の海に棲息《せいそく》していた微生物《びせいぶつ》の痕跡《こんせき》が発見されました。これは世界最古の生命の痕跡です。この結果から生命の誕生は、地球に海ができた四三億年ほど前までさかのぼる可能性が示唆《しさ》されています。

原始生命が誕生した初期には、酸素はほとんど存在しなかったので、初期の生物である細《さい》菌《きん》は無酸素条件下で生育していました。このような細菌は「嫌気性《けんきせい》細菌」とよばれます。反対に、酸素存在下で生育する細菌は「好気性《こうきせい》細菌」とよばれます。生命が誕生したころの大

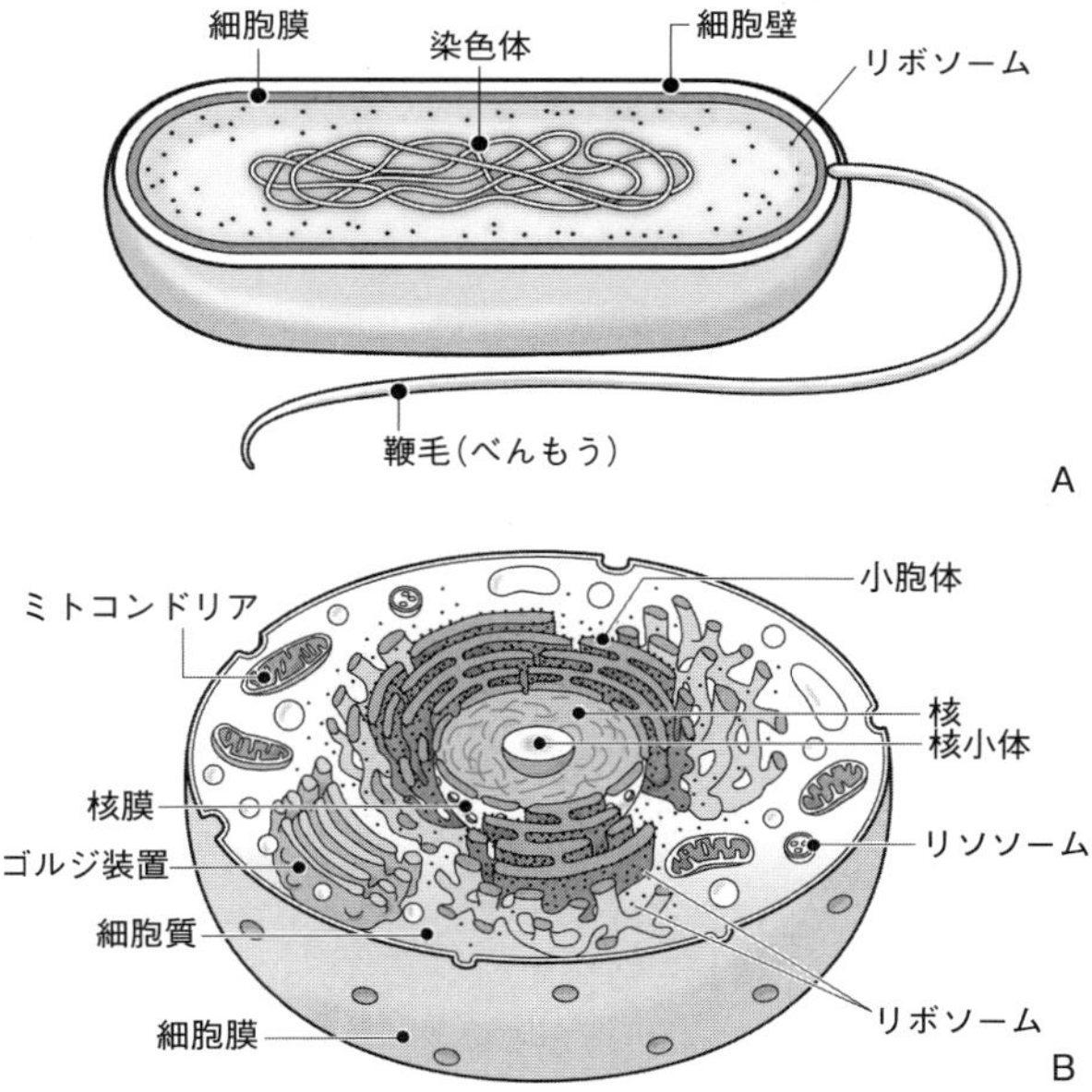

図 7-11　A：原核細胞の模式図、B：真核細胞（動物）の模式図

部分の嫌気性細菌にとって、酸素は猛毒《もうどく》であった可能性があります。

嫌気性細菌であった初期の生物では、遺伝子を収納する核《かく》の構造が未発達で、核は膜《まく》によって仕切られていませんでした。このような生物は原核《げんかく》生物（図7-11A参照）とよばれています。

やがてシアノバクテリアのように光合成によりエネルギーを作り出すことができる生物が出現し、地球の大気中に光合成の副産物である酸素が放出されました。

図7-12　シアノバクテリアの屍骸(しがい)などからできた岩石、ストロマトライト

シアノバクテリアは、核膜および葉緑体を持たない藻類《そうるい》です。光合成は細胞質中に存在する葉緑体によりおこなわれます。シアノバクテリアは構造的にも機能的にも葉緑体に類似していますので、植物の葉緑体の起源ではないかといわれています。太古の地球で大繁殖《だいはんしょく》したシアノバクテリアはストロマトライト(図7-12)とよばれる化石に残っています。

全球凍結《とうけつ》

二二億年前と七億年前、そして六億年前の少なくとも三回、地球全体が凍結した(全球凍結)という天変地異がほぼ間違いなく起きたと考えられています。全球凍結では、気温はマイナス四〇度で赤道にいたるまで厚さ一〇〇〇メートルほどの厚い氷に地球はおおわれ、この期間は数百万年から数千万年の間続いたと考えられています。いまの地球から考えれば、想像を絶する世界です。二二億年前に存在した細菌のような原核生物は、このような過酷《かこく》な環境《かんきょう》でも生きのびることができたのではないかと考えられています。しかし六億年前には藻類のような真核《しんかく》生物がすでに存在していましたが、藻類がどうやってこの時期に起きた全球凍結を生きのびることができたかということについては不明とのことです。

ところで、これらの全球凍結が解消された後に、重要な出来事が起きています。それは、大気中の酸素濃度《のうど》が上昇《じょうしょう》したことと、それをきっかけに起きた生物進化における飛躍《ひやく》です。

全球凍結は、やがて火山の噴火《ふんか》による二酸化炭素の蓄積《ちくせき》による温室効果などによって解消されました。地球の大気には二酸化炭素などの気体がわずかに含まれていますが、これらの気体は赤外線を吸収し、再びその熱を地球に戻《もど》す性質があります。この性質のため、太陽からの赤外線の多くが熱として大気に蓄積され、大気を温めるのです。このような効果を「温室効果」といいます。温室効果がないと地球の表面温度は氷点下一九度にまで低下すると考えられています。

地球の酸素濃度はほとんどゼロに近い状態から二二億年前の全球凍結の解消により現在の酸素濃度の一〇〇分の一程度のレベルへ上昇し、そして六億年前の全球凍結後には今日の濃度に近い二〇％へと急増しました。二度目の酸素濃度の上昇の原因については、全球凍結の間に蓄積されたリン酸などの海の栄養塩《えいようえん》により、生きのびたシアノバクテリアなどの光合成生物が爆発的に増殖した結果、多量の酸素が放出されたためと推定されています。

シアノバクテリアによる酸素の大量蓄積の証拠《しょうこ》としては、一九億年前以前の地層に蓄積した縞状鉄鉱石鉱床《しまじょうてっこうせきこうしょう》の存在が挙げられています。この鉱床は、当時海中に大量に溶解《ようかい》していた鉄イオンが酸化して不溶化し、沈殿《ちんでん》してできたものです。オーストラリアの大規模な鉱床は、鉄鉱石の供給源となっています。

その結果、生物は酸素を利用して効率よくエネルギーを利用できることになり、最初の全球凍結後の酸素濃度の上昇では、細菌から、その一〇〇〇倍ほどの大きさの真核細胞生物が進化しましたし、第二回目の全球凍結の後には多細胞生物が出現しました。

原核細胞と真核細胞はそれぞれ、図7-11に示されています。原核生物の細胞の主要な構造は、細胞膜とその外側を取り巻く細胞壁《さいぼうへき》、それから遺伝子の一組のセットであるゲノムを収納した染色体、リボソーム、それに鞭毛《べんもう》などです。染色体は真核生物と異なり膜で囲われていないのが特徴《とくちょう》で、また、真核細胞に存在するミトコンドリアをはじめとする多くの細胞小器官は存在しません。

真核細胞では、核は核膜で仕切られており、このなかにゲノムが収納されています。呼吸とエネルギー代謝をつかさどるミトコンドリア、タンパク質合成に関わるリボソーム、小胞《しょうほう》体《たい》あるいはゴルジ装置、不要なものを分解するリソソームなど多くの細胞小器官が存在します。タンパク質の合成をおこなうリボソームは原核細胞、真核細胞の両方に存在します。

なお、同じ真核細胞である植物細胞には動物細胞にない細胞壁と葉緑体があり、葉緑体では光合成がおこなわれます。

多細胞生物の出現

二回目の全球凍結後の酸素濃度の急上昇により、真核細胞生物は大型の多細胞生物へと進化し、エディアカラ生物群とよばれる大型生物群が出現しました。その中には人類につながる脊椎《せきつい》動物の祖先の化石もあります。

これらのことはまた、原始生命の誕生が三八億年以上も前とすると、六億年前の全球凍結後までの約三〇億年以上もの途方《とほう》もなく長い期間、生命は単細胞のままであったことを意味します。我々の直接の祖先である霊長類《れいちょうるい》が現れたのはせいぜい六〇〇万年くらい前であることを考えると、単細胞であった三〇億年間がいかに長い期間であるかが理解されるでしょう。

ひとたび多細胞生物が生まれると生物の多様化が起こり、五億五〇〇〇万年前あたりから生物進化の大爆発《だいばくはつ》が起きました。これ以降、天変地異による生物の大量絶滅《ぜつめつ》がさらに五回あったということですが、生物はこれらの災禍《さいか》を生きぬき、人類にまでたどり着いたのです。

図7-13　三葉虫の化石

生物の大量絶滅と新たな展開

ペルム紀末の大量絶滅といって、それまで存在していた生物種の九五%が絶滅した大量絶滅が、二億五五〇〇万～二億五〇〇〇万年前のペルム紀(二《に》畳紀《じょうき》)末に起きたことが知られています。この大量絶滅は地球で起きた最大の絶滅といわれており、陸と海の両方で起きました。

ペルム紀の陸上にはさまざまな植物や巨大な両生類・爬虫類《はちゅうるい》が棲息しており、そのなかには恐竜《きょうりゅう》の祖先である双弓類《そうきゅうるい》や哺乳類《ほにゅうるい》の祖先である単弓類《たんきゅうるい》も存在していましたし、海ではカンブリア紀に現れた節足《せっそく》動物である三葉虫(図7-13)が繁栄《はんえい》していました。これらの生物の大部分が絶滅したのです。

ちなみに、双弓類とは四肢《しし》動物のグループのひとつで、頭蓋骨《ずがいこつ》の両側に側頭窓《そくとうそう》とよばれる穴をそれぞれ二つずつ持っており、これに対して穴をひとつだけ持っているのは単弓類とよばれており、人類は単弓類に属します。この大量絶滅の原因としては諸説があり、まだ定まっていません。

ペルム紀末期の大量絶滅を生きぬいた恐竜は、一億六〇〇〇万年にわたり地球を支配しましたが、六五〇〇万年前に突如《とつじょ》その姿を消しました。恐竜の大量絶滅です（一部の恐竜は鳥になって生き残り、進化をつづけています）。

恐竜絶滅の原因に関する最も有力な説は、巨大隕石衝突《いんせきしょうとつ》説です。その根拠のひとつは、この時代の地層から、通常は地球上にほとんど見つからない隕石由来と考えられるイリジウムという金属元素が異常に多く発見されることです。また、メキシコ東海岸沿いのユカタン半島でこの隕石の衝突跡と思われる巨大クレーターが発見され、この仮説が裏付けられました。

隕石の衝突により大量の粉塵《ふんじん》が地球をおおい、日照不足で多くの植物が枯死《こし》し、そのために大変な食料不足が起こったと想定されています。まず草食動物が被害《ひがい》を受けますが、そうすると肉食動物も飢《う》えることになります。恐竜のような大型の動物ほど被害を受けやすいことは容易に想像できます。この惨禍《さんか》による致死率《ちしりつ》は恐竜が一〇〇%、鳥類が九五%、哺乳動物九〇%、昆虫《こんちゅう》四〇%、両生類一五%と推定されています。

この巨大隕石の衝突は、私たちの祖先のネズミのように小さな哺乳動物にとってもたいへんな災難であったはずですが、その一部は生き残りました。もしこの大惨事《だいさんじ》が起こらず、巨大な恐竜が地上を闊歩《かっぽ》したままであれば、小さくなって暮らしていた哺乳動物の祖先が我々人類までたどり着けたかどうかは、非常に疑わしいでしょう。

全球凍結といい、あるいは地質時代の数回の大量絶滅といい、地上のすべての生物の絶滅に導きかねない大災禍でしたが、一部の生物はしたたかに生き残りました。それは、生物が多様であったおかげです。そして、この大災禍を契機《けいき》として生物は新たな発展をとげたのです。

図7-14には、地球上に生命が誕生して以来起きた、おもな地球大変動と生物の興亡が示されています。まさに、人類にいたる生命の歴史は、「塞翁が馬」のくりかえしだったのです。

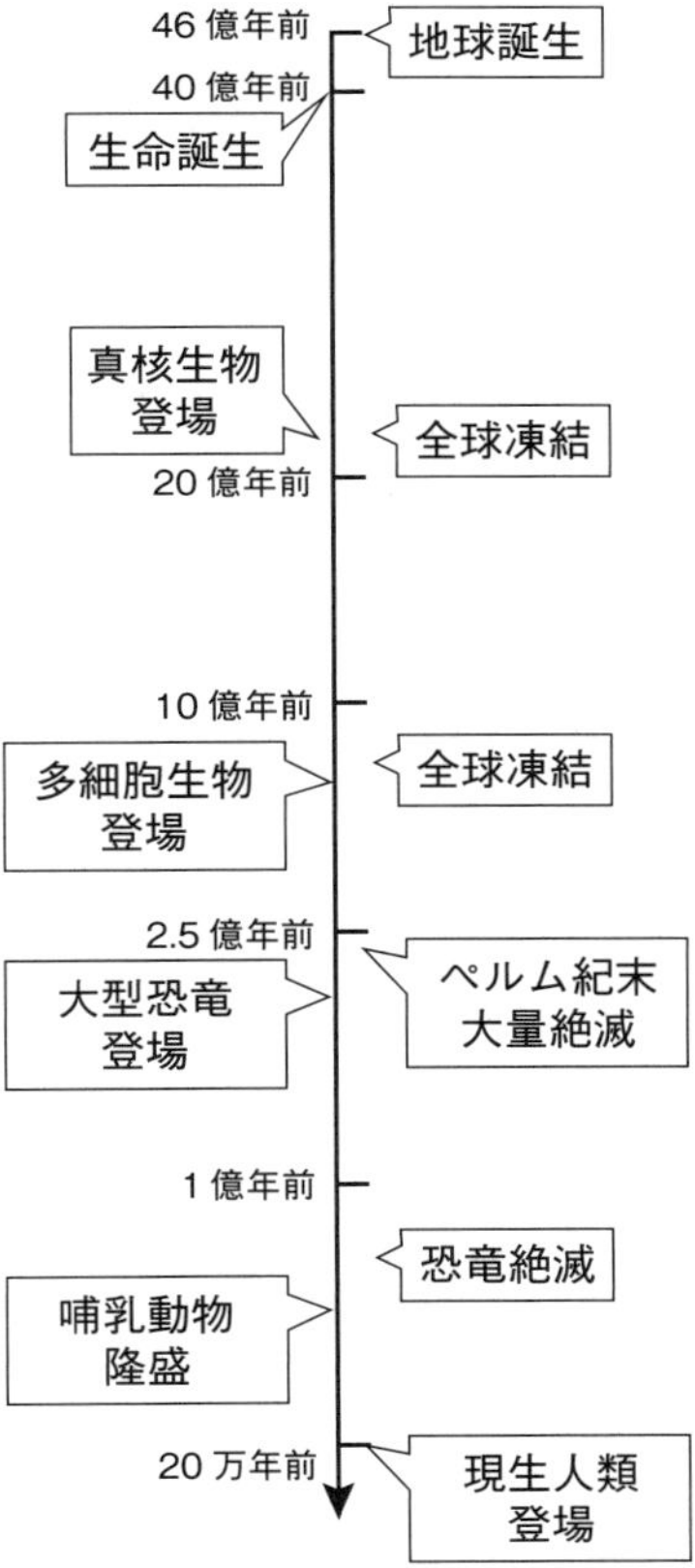

図 7-14　地球大変動と新たな生物の勃興(年代の目盛りは目安)。原核生物から真核生物、多細胞生物への進化には二度にわたる全球凍結後の酸素濃度の上昇が関与している可能性がある。ペルム紀末の大量絶滅は大噴火などの地球の大変動により、恐竜の絶滅は巨大隕石の衝突により引き起こされたと考えられているが、これらの出来事はヒトの登場にまでいたる哺乳動物の隆盛につながったと考えられる。

おわりに

本書では、生物学の基礎《きそ》にかかわることわざ・成句《せいく》をひもときながら、歴史に残る生物学における発明・発見を紹介してきました。これらの科学的な業績は、大きく分けて三つの異なるルートでなされてきました。このことを論じることで、「おわりに」にかえたいと思います。

ひとつ目は偶然《ぐうぜん》の発見で、二つ目は論理を積み上げて仮説を構築し、それを実験的に実証するやりかた(仮説と立証)です。三つ目は「必要は発明の母」と言われるように、必要性に基《もと》づく発明です。この三つのルートは、お互《たが》いに重なる部分もあります。

セレンディピティー——偶然《ぐうぜん》の発見

セレンディピティー(serendipity)は、「Serendip(現在のスリランカ)の三人の王子」という寓話《ぐうわ》に由来するもので、イギリスの政治家・小説家であるホレス・ウォルポール(一七一七〜九七年)の造語だということです。その意味は、意図的に捜《さが》し求《もと》めないで価値あるものを見つけることです。

「セレンディピティー」で有名なのはイギリスの細菌《さいきん》学者、アレキサンダー・フレミング(一八八一〜一九五五年)による、代表的な抗生《こうせい》物質ペニシリンの発見です。フレミングはブドウ球菌《きゅうきん》の培養《ばいよう》実験をおこなっている際にあやまってアオカビを混入させてしまったのですが、そこで思いがけない発見をしました。アオカビの周りには、ブドウ球菌が増殖《ぞうしょく》できなかったのです。これがきっかけでペニシリンが発見されました。

ペニシリンが発見されたあと、多くの抗生物質が微生物《びせいぶつ》から続々と開発され、結核《けっかく》のようなわが国の国民病とも言われた深刻な感染症《かんせんしょう》も、ストレプトマイシンなどの抗生物質によって克服《こくふく》されました。ワクチンとともに、抗生物質の人類に対する貢献《こうけん》ははかりしれません。

もうひとつ、具体例を紹介しましょう。それは、本書で紹介した「ヒトの細胞《さいぼう》には寿命《じゅみょう》がある」という、レオナルド・ヘイフリックの発見です。すでに「命の回数券」のところで述べましたが、細胞が有限寿命であるということは、細胞で構成されている私たちの体もまた有限寿命であることにもつながります。筆者は、ヘイフリックが日本培養学会で講演した際にインタビューをおこないましたが、そのとき彼自身が「この発見は一種のセレンディピティーである」と言っていました。

レオナルド・ヘイフリック博士

「培養した細胞は無限増殖をするものである」ということは、当時の学界の定説でした。彼自身もこれに疑問を持って実験したわけではなく、細胞に寿命があるという発見は偶然だったのです。彼の発見は当時の定説とは相容《あいい》れなかったために、最初に投稿《とうこう》した雑誌からは掲載《けいさい》を拒絶《きょぜつ》されました。その理由は、「培養細胞は不死化しているはずで、寿命が尽《つ》きたのは培養のしかたが悪かったためであろう」というものでした。

また、このとき筆者が「若い人に言いたいことはなんですか?」と質問したところ「Be independent and ask questions（独立心を持ち、疑問を持ちなさい）」という回答が返ってきましたが、これはそのままこのインタビュー記事のタイトルになっています。これまでの定説や権威《けんい》に従うのではなく、自分の頭で考えることの大切さを彼は強調したのです。セレンディピティーは準備のある感受性を持っている人にのみ発見をもたらすのです。

近代の細菌学の父と言われるフランスの生化学者、ルイ・パスツール（一八二二～九五年）は、「観察の領域において、偶然は構えのある心にしか恵《めぐ》みをあたえない」と言っています。

論《ろん》より証拠《しょうこ》――仮説の立証

セレンディピティーとならぶ自然科学におけるもうひとつの発明・発見におけるルートは、仮説に基《もと》づいた証明です。これは、とくに物理学の分野で多く見られます。

たとえば、アルベルト・アインシュタイン（一八七九～一九五五年）は一般相対性理論《いっぱんそうたいせいりろん》で、光は重力で曲がると予想しました。この理論が発表された直後の一九一九年五月二九日に日食があり、これを利用してこの理論は証明されたのです。

太陽は極めて明るいので、通常ではそのそばの星は観察できませんが、日食により太陽が隠《かく》れているために観察可能となったのです。その結果、太陽付近に見えるおうし座の恒星《こうせい》の位置が、角度にして一・六一秒ずれていることが観察されました。それは、一般相対性理論で予測されたずれである一・七五秒に近かったのです。この恒星の光が太陽の重力により曲がって、地球から観測することが可能になり、一般相対性理論の正しさが証明されたわけです。

生物学を含めた科学では、唱える説がいかに崇高《すうこう》で理路整然としていても、実験や観察でひとつでも相容《あいい》れない現象が発見されれば、それはたちどころに否定されるという厳しいおきてがあります。

生物学の分野でいえば、すでに述べた、ワクチンの出発点となったジェンナーの種痘《しゅとう》は、理論的な思考に基づいた仮説が実証されたものです。

このルートの発見では理論的に証明されるべき課題が明確に提示されているので、科学者の間でし烈《れつ》な競争が展開されることもめずらしくありません。何を明らかにすべきか明確なので、あとは、その実証だけが残されているからです。

DNAが二重らせん構造を取ることは、ジェームズ・ワトソンとフランシス・クリックにより一九五三年に発表されたのですが、DNAの構造解析はイギリスの生物物理学者、モーリス・ウイルキンス(一九一六～二〇〇四年)とイギリスの物理化学者、ロザリンド・フランクリン(一九二〇～五八年)のグループによってX線結晶《けっしょう》構造解析《かいせき》を使用して精力的に進められていました。実際にワトソンとクリックが利用したのはロザリンド・フランクリンのX線結晶構造解析のデータでした。

この発見については、ワトソンの立場から『二重らせん』(ジェームス・D・ワトソン著、中村桂子訳、講談社文庫、一九八六年など)という題の本、フランクリンの立場から『ロザリンド・フランクリンとDNA――ぬすまれた栄光』(アン・セイヤー著、深町眞理子訳、草思社、一九七九年)という題の本がそれぞれ出版されました。

なお、一九六二年にワトソン、クリック、ウイルキンスはノーベル医学生理学賞を受賞しましたが、ロザリンド・フランクリンは一九五八年に三七歳の若さでがんが原因で亡くなり、ノーベル賞は生きた人にのみ与えられるので、受賞を逃《のが》しました。一説には、実験のために大量のX線を浴びたのが、がんの原因と言われています。

砂上《さじょう》の楼閣《ろうかく》——消えてゆく運命の発見

砂上に建てられた建物は地盤《じばん》が弱くて倒《たお》れるおそれがあることから、ながく維持《いじ》できない物事や、実現できない物事のたとえです。

一時、新聞やテレビをにぎわせた、いわゆるSTAP《スタップ》細胞《さいぼう》の発見は、権威《けんい》あるイギリスの科学誌への論文発表という、はなばなしい記者会見で始まりました。

しかし、間もなく数々の疑惑が提示され、論文は撤回《てっかい》、そして一人の優秀《ゆうしゅう》な科学者の自殺へと思わぬ展開を見せ、この奇妙《きみょう》な事件は一年あまりで幕を閉じました。

STAP細胞がユニークな点は、遺伝子をウイルス由来のベクター(遺伝子を運ぶ道具)を用いて導入するといった技術を使わずに、細いガラス管を通すだけで、体細胞を多能性幹細《かんさい》胞《ぼう》に変化させることができるという点にありました。そのために、すでに確立されていたi《アイ》PS《ピーエス》細胞(人工多能性幹細胞)と異なり、ベクターによる発がんの危険性の回避《かいひ》が可能となり、一時もてはやされたのです。

しかし、世界中でたくさんの研究者が再現実験にとりくみながら、誰《だれ》一人としてSTAP細胞を作製することができた人はいませんでした。結局この発見は、「砂上の楼閣」だったのです。STAP細胞が受け入れられるためには、「論より証拠」が必要だったのです。

必要《ひつよう》は発明《はつめい》の母《はは》――多くの応用研究の出発点

最後に、わかりやすいことわざを挙げておきましょう。これは「Necessity is the mother of invention」の訳です。

トーマス・アルバ・エジソン(一八四七～一九三一年)による白熱電球をはじめとした一三〇〇あまりの発明などはその典型で、そのほか「必要を母」とした発明は枚挙《まいきょ》にいとまがないでしょう。

＊　＊　＊

さて、本書では比較的《ひかくてき》なじみ深いことわざを通して、最先端《さいせんたん》の分子生物学を含む生物学を広く紹介しました。これを機会に、少しでも多くの若い諸君に生物学の領域に興味を抱《いだ》いていただければこれに過ぎる喜びはありません。

最後に、本書の作成にあたり多くの貴重な助言をいただいた岩波書店の加美山亮様、塩田春香様に深謝します。また、本書を孫である杉本幸信、悠信にささげます。

参考文献

〔ことわざ関連参考図書〕
時田昌瑞『岩波ことわざ辞典』(岩波書店，2000年)
『新明解故事ことわざ辞典』(三省堂，2016年)
江川卓 他『世界の故事名言ことわざ総解説』(自由国民社，2013年)

〔生物学関連参考図書〕
貝原益軒『養生訓 全現代語訳』(伊藤友信訳，講談社学術文庫，1982年)
池原健二『GADV仮説 生命起源を問い直す』(京都大学学術出版会，2006年)
チャールズ・ダーウィン『種の起原』(上・下)(八杉龍一訳，岩波文庫，1990年)
チャールズ・ダーウィン『ビーグル号航海記』(上・下)(島地威雄訳，岩波文庫，1959年・1961年)
長谷川眞理子『進化とはなんだろうか』(岩波ジュニア新書，1999年)

〔参考文献〕
カロリー制限が老化を遅らせる(「日経サイエンス」1996年3月号，36–44)
マイケル・D・ガーション『セカンドブレイン――腸にも脳がある！』(古川奈々子訳，小学館，2000年)
Gilbert, W.(1986), “Origin of life: The RNA world”, *Nature,* 319: 618
不思議な目の進化(エド・ヨン，「ナショナルジオグラフィック」2016年2月号，32–57)
レオナルド・ヘイフリック，Be independent and ask questions(聞き手・執筆　杉本正信「実験医学」2006年9月号)

図版出典

図 2-2：『南山堂医学大辞典　第 17 版』(南山堂，1990 年)
図 4-1：Tahara, H., Sugimoto, M. et al., *Oncogene*, 15: 1911(1997)より転載
図 4-3：Hawkes, K., *Anthropology*, 95: 1336(1998)，および，杉本正信・古市泰宏『老化と遺伝子』(東京化学同人，1998 年)をもとに作成
図 4-4：Alberts, B. et al., *Molecular Biology of THE CELL*, Garland Science(2014)の図をもとに作成
図 4-5：Sugimoto, M. et al., *Cancer Res*, 64: 3361–3364 (2004)の図をもとに作成
図 4-6：Sato, M., Sugimoto, M. et al., *Cell Structure and Function*, 28: 61–70(2003)より引用
図 6-2：岡田吉美『遺伝暗号のナゾに挑む』(岩波ジュニア新書，2007 年)より改変
図 6-4：スワンソン『現代生物学入門 1　細胞』(佐藤七郎訳，岩波書店，1969 年)より改変
図 6-5：マッケーン, M., マスタード, F.『真の頭脳流出をなくす：幼少期研究』(オンタリオ，1999 年)より改変
図 7-1 ～ 7-2：岡田吉美『遺伝暗号のナゾに挑む』(岩波ジュニア新書，2007 年)より転載
図 7-3 ～ 7-4：池原健二『GADV 仮説 生命起源を問い直す』(京都大学学術出版会，2006 年)より改変
図 7-5：長谷川眞理子『進化とはなんだろうか』(岩波ジュニア新書，1999 年)より改変
図 7-11：A　川野郁代，B　川野郁代(帯刀益夫・杉本正信『細胞寿命を乗り越える』岩波科学ライブラリー，2009 年より転載)
ヘイフリック博士写真：Be independent and ask questions, レオナルド・ヘイフリック，聞き手・執筆　杉本正信「実験医学」2006 年 9 月号，2154 頁
図 1-1～1-8，図 2-1，図 3-2，図 4-2，図 5-1～5-2，図 6-1，図 7-6，図 7-8 ～ 7-10，図 7-13：123RF

杉本正信

1943年生。東京大学薬学部卒(薬学博士)。専門は細胞生物学。国立予防衛生研究所主任研究官、同・一般病理室長(退職時)、ハーバード大学医学部研究員、東燃株式会社基礎研究所主席研究員の時代を通じて、免疫関連の研究ならびにワクチン開発に従事。エイジーン研究所、それを引き継いだジーンケア研究所で老化の研究に従事。学生の頃より老化の研究に強い興味を持ち、エイジーン研究所に転職したことで夢がかなう。免疫、老化、遺伝学は一般の人には難解だがことわざに関連するものも多く、関連させて説明すればわかりやすいのではないかと考えて本書を執筆。おもな著書に、『ワクチン新時代』『細胞寿命を乗り越える』(いずれも岩波書店、共著)、『エイズとの闘い』『老化と遺伝子』(いずれも東京化学同人、共著)、『ヒトは120歳まで生きられる』(ちくま書房)、『健康寿命を伸ばす!』(東洋出版、共著)など。

生物学の基礎はことわざにあり
——カエルの子はカエル? トンビがタカを生む?　岩波ジュニア新書 869

2018年3月20日　第1刷発行
2020年5月15日　第2刷発行

著　者　杉本正信《すぎもとまさのぶ》

発行者　岡本　厚

発行所　株式会社 岩波書店
〒101-8002 東京都千代田区一ツ橋 2-5-5
案内 03-5210-4000　営業部 03-5210-4111
ジュニア新書編集部 03-5210-4065
https://www.iwanami.co.jp/

組版　シーズ・プランニング
印刷・三陽社　カバー・精興社　製本・中永製本

ISBN 978-4-00-500869-8　　Printed in Japan

岩波ジュニア新書の発足に際して

きみたち若い世代は人生の出発点に立っています。きみたちの未来は大きな可能性に満ち、陽春の日のようにひかり輝いています。勉学に体力づくりに、明るくはつらつとした日々を送っていることでしょう。

しかしながら、現代の社会は、また、さまざまな矛盾をはらんでいます。営々として築かれた人類の歴史のなかで、幾千億の先達《せんだつ》たちの英知と努力によって、未知が究明され、人類の進歩がもたらされ、大きく文化として蓄積されてきました。にもかかわらず現代は、核戦争による人類絶滅の危機、貧富の差をはじめとするさまざまな人間的不平等、社会と科学の発展が一方においてもたらした環境の破壊、エネルギーや食糧問題の不安等々、来るべき二十一世紀を前にして、解決を迫られているたくさんの大きな課題がひしめいています。現実の世界はきわめて厳しく、人類の平和と発展のためには、きみたちの新しい英知と真摯《しんし》な努力が切実に必要とされています。

きみたちの前途には、こうした人類の明日の運命が託されています。ですから、たとえば現在の学校で生じているささいな「学力」の差、あるいは家庭環境などによる条件の違いにとらわれて、自分の将来を見限ったりはしないでほしいと思います。個々人の能力とか才能は、いつどこで開花するか計り知れないものがありますし、努力と鍛練の積み重ねの上にこそ切り開かれるものですから、簡単に可能性を放棄したり、容易に「現実」と妥協したりすることのないようにと願っています。

わたしたちは、これから人生を歩むきみたちが、生きることのほんとうの意味を問い、大きく明日をひらくことを心から期待して、ここに新たに岩波ジュニア新書を創刊します。現実に立ち向かうために必要とする知性、豊かな感性と想像力を、きみたちが自らのなかに育てるのに役立ててもらえるよう、すぐれた執筆者による適切な話題を、豊富な写真や挿絵とともに書き下ろしで提供します。若い世代の良き話し相手として、このシリーズを注目してください。わたしたちもまた、きみたちの明日に刮目《かつもく》しています。(一九七九年六月)

877・876
数学を嫌いにならないで
基本のおさらい篇
文章題にいどむ篇
ダニカ・マッケラー
菅野仁子 訳

数学が嫌い？ あきらめるのはまだ早い。この本を読めばバラ色の人生が開けるかもしれません。アメリカの人気女優ダニカ先生が教えるとっておきの勉強法。苦手なところを全部きれいに片付けてしまいましょう。いつのまにか数学が得意になります！

878
10代に語る平成史
後藤謙次

消費税の導入、バブル経済の終焉、テロとの戦い…、激動の30年をベテラン政治ジャーナリストがわかりやすく解説します。

879
アンネ・フランクに会いに行く
谷口長世

ナチ収容所で短い生涯を終えたアンネ・フランク。アンネが生き抜いた時代を巡る旅を通して平和の意味を考えます。

880
核兵器はなくせる
川崎 哲

ノーベル平和賞を受賞したICANの中心にいて、核兵器廃絶に奔走する著者が、核の現状や今後について熱く語る。

881
不登校でも大丈夫
末富 晶

「学校に行かない人生＝不幸」ではなく、「幸福な人生につながる必要な時間だった」と自らの経験をふまえ語りかける。

882 40億年、いのちの旅　伊藤明夫

40億年に及ぶとされる、生命の歴史。それをひもときながら、私たちの来た道と、これから行く道を、探ってみましょう。

883 生きづらい明治社会―不安と競争の時代　松沢裕作

近代化への道を歩み始めた明治とは、人々にとってどんな時代だったのか？　不安と競争をキーワードに明治社会を読み解く。

884 居場所がほしい―不登校生だったボクの今　浅見直輝

中学時代に不登校を経験した著者。マイナスに語られがちな「不登校」を人生のチャンスととらえ、当事者とともに今を生きる。

885 香りと歴史　7つの物語　渡辺昌宏

玄宗皇帝が涙した楊貴妃の香り、織田信長が切望した蘭奢待など、歴史を動かした香りをめぐる物語を紹介します。

886 〈超・多国籍学校〉は今日もにぎやか！―多文化共生って何だろう　菊池聡

外国につながる子どもたちが多く通う公立小学校。長く国際教室を担当した著者が語る、これからの多文化共生のあり方。

889 めんそーれ！化学―おばあと学んだ理科授業　盛口満

料理や石けんづくりで、化学を楽しもう。戦争で学校へ行けなかったおばあたちが学ぶ教室へ、めんそーれ(いらっしゃい)！

888・887
数学と恋に落ちて
未知数に親しむ篇
方程式を極める篇
ダニカ・マッケラー
菅野仁子訳

将来、どんな道に進むにせよ、数学はあなたに力と自由を与えます。数学を研究し、女優としても活躍したダニカ先生があなたの夢をサポートする数学入門書の第二弾。式の変形や関数のグラフなど、方程式でつまずきやすいところを一気におさらい。

890
情熱でたどるスペイン史
池上俊一

長い年月をイスラームとキリスト教が影響しあって生まれた、ヨーロッパの「異郷」。衝突と融和の歴史とは？（カラー口絵8頁）

891
不便益のススメ
―新しいデザインを求めて
川上浩司

効率化や自動化の真逆にある「不便益」という新しい思想・指針を、具体的なデザイン、モノ・コトを通して紹介する。

892
ものがたり西洋音楽史
近藤　譲

中世から20世紀のモダニズムまで、作曲家や作品、演奏法や作曲法、音楽についての考え方の変遷をたどる。

893
「空気」を読んでも従わない
―生き苦しさからラクになる
鴻上尚史

どうしてこんなに周りの視線が気になるの？どうして「空気」を読まないといけないの？その生き苦しさの正体について書きました。

894
内戦の地に生きる
―フォトグラファーが見た「いのち」
橋本　昇

母の胸を無心に吸う赤ん坊、自爆攻撃した息子の遺影を抱える父親…。戦場を撮り続けた写真家が生きることの意味を問う。

895
ひとりで、考える
―哲学する習慣を
小島俊明

主体的な学び、探求的学びが重視されているなか、フランスの事例を紹介しながら「考える」について論じます。

896
「カルト」はすぐ隣に
―オウムに引き寄せられた若者たち
江川紹子

オウムを長年取材してきた著者が、若い世代に向けて事実を伝えつつ、カルト集団に人生を奪われない生き方を説く。

897
答えは本の中に隠れている
岩波ジュニア新書編集部編

悩みや迷いが尽きない10代。そんな彼らに、個性豊かな12人が、希望や生きる上でのヒントが満載の答えを本を通してアドバイス。

898
ポジティブになれる英語名言101
小池直己
佐藤誠司

プラス思考の名言やことわざで基礎的な文法を学ぶ英語入門。日常の中で使える慣用表現やイディオムが自然に身につく名言集。

899
クマムシ調査隊、南極を行く！
鈴木　忠

白夜の夏、生物学者が見た南極の自然とは？ 笑いあり、涙あり、観測隊の日常がオモシロい！〈図版多数・カラー口絵8頁〉

900 男子が10代のうちに考えておきたいこと　田中俊之
男らしさって何？ 性別でなぜ期待される生き方や役割が違うの？ 悩む10代に男性学の視点から新しい生き方をアドバイス。

901 カガク力《りょく》を強くする！　元村有希子
疑い、調べ、考え、判断する力＝カガク力！ 科学・技術の進歩が著しい現代だからこそ、一人一人が身に着ける必要性と意味を説く。

902 世界の神話　沖田瑞穂
個性豊かな神々が今も私たちを魅了する聖なる物語・神話。世界各地に伝わる神話のエッセンスを凝縮した宝石箱のような一冊。

903 「ハッピーな部活」のつくり方　中澤篤史　内田　良
長時間練習、勝利至上主義など、実際の活動から問題点をあぶり出し、今後に続くあり方を提案。「部活の参考書」となる一冊。

904 ストライカーを科学する　―サッカーは南米に学べ！　松原良香
南米サッカーに精通した著者が、現役南米代表などへの取材をもとに分析。決定力不足を克服し世界で勝つための道を提言。

905 15歳、まだ道の途中　高原史朗
「悩み」も「笑い」もてんこ盛り。そんな中学三年の一年間を、15歳たちの目を通して瑞々しく描いたジュニア新書初の物語。

906 レギュラーになれないきみへ　元永知宏

スター選手の陰にいる「補欠」選手たち。果たして彼らの思いとは？ 控え選手たちの姿を通して「補欠の力」を探ります。

907 俳句を楽しむ　佐藤郁良

句の鑑賞方法から句会の進め方まで、季語や文法の説明を挟み、ていねいに解説。句作の楽しさ・味わい方を伝える一冊。

908 発達障害 思春期からのライフスキル　平岩幹男

「今のうまくいかない状況」をどうすれば「何とかなる状況」に変えられるのか。専門家がそのトレーニング法をアドバイス。

909 ものがたり日本音楽史　徳丸吉彦

縄文の素朴な楽器から、雅楽・能楽・歌舞伎・文楽、現代邦楽…日本音楽と日本史の流れがわかる、コンパクトで濃厚な一冊！

910 ボランティアをやりたい！ ―高校生ボランティア・アワードに集まれ　風に立つライオン基金 編　さだまさし

「誰かの役に立ちたい！」 各地でボランティアを行っている高校生たちのアイディアに満ちた力強い活動を紹介します。

911 オリンピック・パラリンピックを学ぶ　後藤光将 編著

オリンピックが「平和の祭典」と言われるのはなぜ？ オリンピック・パラリンピックの基礎知識。